鈴木宣弘

世界で最初に飢えるのは日本

食の安全保障をどう守るか

講談社+α新書

まえがき

「国際物流停止による世界の餓死者が日本に集中する」という衝撃的な研究成果を朝日新聞が報じた。米国ラトガース大学の研究者らが、局地的な核戦争が勃発した場合、直接的な被爆による死者は二七〇〇万人だが、「核の冬」による食料生産の減少と物流停止による二年後の餓死者は、食料自給率の低い日本に集中し、世界全体で二・五五億人の餓死者のうち、約三割の七二〇〇万人が日本の餓死者（日本の人口の六割）と推定した。

実際、三七パーセントという自給率に種と肥料の海外依存度を考慮したら日本の自給率は今でも一〇パーセントに届かないくらいなのである。だから、核被爆でなく、物流停止が日本を直撃し、餓死者が世界の三割にも及ぶという推定は大袈裟ではない。

重要なことは、核戦争を想定しなくても、世界的な不作や国同士の対立による輸出停止・規制が広がれば、日本人が最も飢餓に陥りやすい可能性があるということである。筆者が長年、『食の戦争』（文春新書）や『農業消滅』（平凡社新書）などの著書で警鐘を鳴らしてきた意味がこの試算に如実に現れている。

一方、我が国の農村現場の疲弊はさらに深刻化している。

酪農に関しては、大規模に乳雄牛の肥育などを展開していた畜産大手の倒産（神明《しんめい》畜産、負債総額五七五億円）もあり、乳雄子牛の価格が二〇二一年の五万円から、場合によっては一〇〇円まで暴落、売れない子牛は薬殺との情報も入ってきた。副産物収入も激減して、飼料二倍、肥料二倍などのコスト暴騰に苦しむ酪農家に追い打ちをかけている。コメや他の品目も同様の経営危機が襲っている。

「お金を出せば輸入できる」ことを前提にした食料安全保障は通用しないことが明白になった今、このまま日本の農家が疲弊していき、本当に食料輸入が途絶したら国民は食べるものがなくなる。不測の事態に国民の命を守ることが「国防」とすれば、国内の食料・農業を守ることこそが防衛の要《かなめ》、それこそが安全保障だ。

近視眼的に、コメや生乳や砂糖の減産要請をしている場合ではない。諸外国では当たり前なのに日本にはない、農家の損失補塡、政府買い上げによる人道支援、子どもたちを守る学校給食の公共調達などを総合パッケージで実現したい。国民も農家とともに生産に参画し、食べて、未来につなげよう。

本書は、『食の戦争』『農業消滅』以降の最新の情勢を踏まえて、さらに深刻化した日本の食料安全保障の危機の「現在地」を克明に分析し、日本国民が飢餓を回避することは可能なのか、そのヒントを探るものである。

二〇二二年秋

鈴木《すずき》宣弘《のぶひろ》

世界で最初に飢えるのは日本　食の安全保障をどう守るか／目次

第一章　世界を襲う「食の一〇大リスク」

第二章　最初に飢えるのは日本

第三章　日本人が知らない「危険な輸入食品」

第五章　農業再興戦略

序章　「クワトロ・ショック」が日本を襲う

「飢餓」が現実になる日

——二〇XX年。

貿易自由化と、少子高齢化により、日本の農業は壊滅状態となっていた。

カロリーベースの食料自給率は、記録的な低水準となり、ほとんどの食料を輸入に頼る事態に陥っていた。

そこに、某国での戦争が勃発。日米同盟により日本も戦争当事国となったことで、某国からの食料輸入が途絶した。

悪いことが重なり、その年に歴史的な異常気象が発生。世界中で巨大台風や洪水が多発したほか、アフリカ諸国では歴史的な干魃《かんばつ》が続いた。

「世界同時食料危機」の到来である。

国民の食料が不足しかねない。

そう考えた政府は、さっそく食料の確保に動くものの、思うようには進まない。

世界各地で「食料争奪戦」となると、慢性的な円安に悩む日本は、どうしても買い負けてしまう。

政府は備蓄米を放出するものの、もはや焼け石に水でしかない。

食料品の価格は記録的な高値となり、スーパーから生鮮食品の姿が消える。

政府は、第二次大戦以来初となる、配給制度の実施に踏み切る。

だが、闇取引が横行し、とくに低所得者には、充分な食料が行き渡らない。

ある程度自給できる農村地帯を除き、日本中が飢餓の恐怖に見舞われる――。

こうした未来が、いま、徐々に現実のものとなりつつあることを、皆さんはご存じだろうか。

「大惨事が迫っている」国際機関の警告

いま、世界中で、かつてない規模の食料危機が迫っている。

ＷＦＰ（国連世界食糧計画）とＦＡＯ（国連食糧農業機関）は、二〇二二年六月に、「ハンガーホットスポット―ＦＡＯ‐ＷＦＰの急性食料不安に対する早期警告（Hunger Hotspots – FAO-WFP early warnings on acute food insecurity）」という報告書を発表している。

新型コロナウイルスの拡大や、ウクライナ戦争の影響などにより、世界二〇ヵ国以上で深刻な飢餓が発生すると「警告」したのである。

国際機関が、この手の警告を発したのは、今回が初めてではない。

二〇二一年七月には、FAO、UNICEF(国連児童基金)、WFP、WHO(世界保健機関)などが連名で、「世界の食料安全保障と栄養の現状(The State of Food Security and Nutrition in the World)」という報告書を発表している。

「世界同時多発食料危機」が、現実の世界でも切羽詰まった問題となっているのである。

その中で、日本の食料問題もまた、深刻な脅威に直面している。

筆者は、二〇二一年に刊行した『農業消滅』の中で、「二〇三五年頃には、日本人も飢餓に直面しかねない」と警告を発した。

筆者が主張する根拠は、日本の食料自給率が今後大幅に低下するという試算にある。

日本のカロリーベースの食料自給率は、二〇二〇年の時点で、約三七パーセントという低水準だ。

図表① 種と飼料の海外依存度も考慮した日本の2020年と2035年の食料自給率（最悪のケース）

	食料国産率		飼料・種自給率*	食料自給率	
	2020年(A)	2035年推定値	(B)	(A×B)	2035年推定値
コ　　メ	97	106	10	10	11
野　　菜	80	43	10	8	4
果　　樹	38	28	10	4	3
牛乳・乳製品	61	28	42	26	12
牛　　肉	36	16	26	9	4
豚　　肉	50	11	12	6	1
鶏　　卵	97	19	12	12	2

資料：2020年は農林水産省公表データ。推定値は東京大学鈴木宣弘研究室による。規模の縮小や廃業により傾向的に生産が減少すると見込まれる。

* 種の自給率10%は野菜の現状で、種子法の廃止などにより、コメと果樹についても野菜と同様になると仮定。ただし、化学肥料がストップして生産が半減する可能性は考慮されていない。

「三七パーセントもあるなら、まだまだ大丈夫」と思う人もいるかもしれない。

しかし、三七パーセントというのは、あくまで楽観的な数字に過ぎない。

農産物の中には、種やヒナなどを、ほぼ輸入に頼っているものもある。それらを計算に入れた「真の食料自給率」はもっと低くなる。

農林水産省のデータに基づいた筆者の試算では、二〇三五年の日本の「実質的な食料自給率」は、コメ一一パーセント、野菜四パーセントなど、壊滅的な状況が見込まれるのである。

コロナで止まった「種・エサ・ヒナ」

二〇二〇年に発生した「コロナショック」は、世界中の物流に大きな影響を与えた。食料の輸出入自体への影響も大きかったが、食料を生産するための生産資材が、日本に入って来なくなったことのほうが、より重要な問題である。

生産資材というのは、農機具のほか、人手や肥料、種、ヒナなど、農産物の生産要素全般のことだ。

日本では野菜の種の九割を輸入に頼っている。野菜自体の自給率は八〇パーセントあるが、種を計算に入れると、真の自給率は八パーセントしかない。

種は日本の種会社が売っているものの、約九割は海外の企業に生産委託しているのが現状だ。

しかし、コロナショックにより、海外の採種圃場《ほじょう》との行き来ができず、輸入がストップするというリスクに直面してしまった。

コロナショックが引き起こした問題は他にもある。日本の畜産は、エサを海外に依存している。たとえば、鶏の卵は、養鶏業の皆さんの頑張りもあって、九七パーセントを自給できているが、鶏の主たるエサであるトウモロコシの自給率は、ほぼゼロである。

また、トウモロコシに関しては、中国の爆買いによって、世界中で価格が上昇しており、日本が買い負けるリスクも高まっている。そもそも、鶏のヒナは、ほぼ一〇〇パーセント輸入に頼っている。

今なお続くコロナショックや戦争によって、エサやヒナの輸入が止まってしまえば、鶏卵の生産量はおそらく一割程度まで落ち込んでしまうだろう。

日本でも遅まきながら、コロナ禍から「日常」に復帰する動きが出てきている。とはいえ、農業が置かれた状況は、そうすぐには変わらない。種やエサの需給が回復したとしても、農業生産が回復するまで、どうしてもタイムラグが生じる。

それまでに、異常気象や紛争など、突発的なリスクによって、世界の食料供給力がさらに低下すれば、コントロール不能な状況に陥る危険性も否定できないのだ。

ウクライナ戦争で破壊された「シードバンク」

二〇二二年に入り、ロシアがウクライナに侵攻したことで、食料をめぐる問題はさらに悪化している。

ウクライナ北東部のハルキウにある「シードバンク」が、ロシア軍の攻撃によって損害を受けた、という報道もあった。シードバンクとは、植物などの種子の遺伝情報を保存する施設である。なかでもウクライナのシードバンクは、世界最大級のもので、一六万種以上ものの種を保存していたという。

世界には多様な植物が存在する。そのうち、農作物として利用されているものだけでも、たくさんの種類がある。その種を保存しておくことで、環境が激変した場合でも、それに適した作物を作り出せる。シードバンクは、そのための施設なのである。

ウクライナ戦争の後も、さまざまな戦争・紛争が起こるだろう。それによって、多様な種子が失われてしまえば、いざという時に困るのは我々である。

農業において、非常に重要な要素が種である。種採りしても同じ形質が得られず、毎年購入する必要がある一代限りの品種を「F1」というが、いま流通している野菜はほとんどがF1種である。日本の農業はこうしたF1種の種の供給を海外に依存している。

「種を制するものは世界を制する」という言葉もある。種は農業を営む上での必須要素だ。どんな産業であれ、そうした必須要素をコントロールすることは、非常に重要である。そうした動きに対して、国民生活を守るためには、種など農業生産の必須要素を、できるだけ日本政府が自前で供給することが重要である。

世界で起こっている「食料・肥料争奪戦」

ウクライナ戦争の勃発により、世界の食料供給は混乱に陥っている。ロシアとウクライナは小麦の一大生産地であり、両者で世界の小麦輸出の約三割を占めている。欧米諸国がロシアに対する制裁を強める中、ロシアは「輸出規制」で揺さぶりをかけている。

ウクライナでは、戦争の影響で、四月の播種《はしゅ》(種まき)が十分にできなかった。また、港も封鎖されて、輸送も困難になっている。

二〇二二年三月八日、シカゴの小麦先物相場が、とうとう二〇〇八年の「世界食料危機」時の最高値を一時超えた、という事件があった。

日本は小麦をおもに米国、カナダ、オーストラリアから買っているが、これらの国には、いまや世界中から買い注文が殺到し、まさに「食料争奪戦」の様相を呈している。

そうした争奪戦の中、日本が「買い負ける」可能性はかなり高い。しかも、「争奪戦」となっているのは、食料そのものだけではない。食料を作るための「肥料」も、争奪戦となっている。

日本は化学肥料の原料となるリン、カリウムについては、ほぼ一〇〇パーセント輸入である。尿素についても約九六パーセントを輸入に頼っている。

これまでは、リンと尿素については中国から輸入できた。だが、その中国では、国内需要の増加に対応してこうした原料の輸出規制をはじめている。また、日本がカリウム原料の多くを頼ってきたロシアとベラルーシが、ウクライナ戦争の影響で、「敵国」日本への輸出制限を行っている。

この状況が続けば、今後の調達の見通しが立たなくなってしまうだろう。

中国の「爆買い」による影響も大問題である。

中国をはじめとする新興国の食料需要が、想定以上の伸びをみせているが、コロナ禍からの回復だけではとても説明がつかない。

中国が「有事」を意識し、国内の備蓄を増やしている、という可能性も否定できないが、最大の原因は、経済成長を遂げ、牛肉食をはじめ多様な食文化を享受するようになったため、飼料穀物をはじめ、食料輸入が爆発的に増加していることにある。

中国は大豆を約一億トン輸入しているが、日本の大豆の輸入量は、大豆消費の約九四パーセントを輸入しているものの、たかだか三〇〇万トンに過ぎない。中国に比べると、「端数」のような数だ。もし中国がもっと大豆を買うと言えば、輸出国は日本のような小規模の輸入国には、大豆を売ってくれなくなるかもしれない。今や中国のほうが、高い価格で大量に買ってくれる。それに比べて、日本の「買う力」の低下が著しい。

世界の物流を支えているのはコンテナ船だが、そのコンテナ船は、相対的に取扱量が少ない日本経由の路線を敬遠しはじめている。そのため、輸入品を日本まで運んでもらうための海上運賃が高騰しているという。

「バイオ燃料」が引き起こした食料危機

ウクライナ戦争を受けて発生した、原油価格の上昇は、日本でも危機感を持って受け止められている。

原油価格が上がると、バイオエタノールや、バイオディーゼルといった、代替燃料の需要が高まる。それぞれ、バイオエタノールはトウモロコシなど、バイオディーゼルは大豆などからつくられるため、トウモロコシや大豆の需要も高まる。

すなわち、原油価格が上昇すると、穀物価格も連鎖的に上昇してしまう。そうなると、「買う力」のある国に穀物が集まる一方、貧困国では穀物不足の危険性が高まってしまう。

紛争による原油価格高騰のほかにも、異常気象や自然災害によって、食料供給が不安定化すれば、食料価格は上昇しやすくなる。そこに、バイオ燃料の需要増加や、そうした動きを見込んだ投機マネーの流入が起これば、穀物価格は暴騰してしまう。

近年、地球温暖化の影響もあってか、異常気象が続発し、もはや「通常気象」となっている。サバクトビバッタの大発生や、アフリカ豚熱など、あらたなリスクも食料供給システムを直撃している。つまり、慢性的に食料価格が上昇しやすくなっているのだ。

トウモロコシや大豆には、食料としての必要性がある。すべてのトウモロコシや大豆を燃料にしてしまうと、人間が飢えてしまう。本来の必要度としては、「食料＞燃料」なのである。そのため、原油価格の上昇によって穀物不足の危険性がある場合、政策的には、バイオ燃料への転用を抑制するほうが本来望ましい。

しかし、欧米諸国はこうした時にもしたたかさを発揮する。とくにアメリカは、こうした穀物不足の状況でも、あえてバイオ燃料への転用を進め、穀物価格を吊り上げようとする。いわば、ビジネスのために、食料危機をあおっているのだ。

二〇〇八年に発生した「世界食料危機」が、まさにこうした動きによってもたらされたことを忘れてはならない。

二〇〇八年の「世界食料危機」の直接のきっかけは、オーストラリアの干魃だったといわれている。だが、危機を増幅させたのは、まさしくこのバイオ燃料だった。

アメリカは、独自の食料戦略を持っている。「食料は武器より安い武器」だと位置付け、自国の食料をできるだけ安く輸出し、日本をはじめとする世界の人々の胃袋を、コントロールしてしまおうというのだ。そのため、アメリカは輸出する作物に補助金をつけている（国内向け、輸出向け全体に補助しているので、輸出補助金ではないとアメリカは言い張っている）。たとえば、コメについては、一俵四〇〇〇円ほどで売れれば、日本をはじめ、世界中どの国にも輸出できる。しかし、アメリカといえど、そうそう安くコメをつくれるわけではない。実際には一俵あたり一万二〇〇〇円ほどのコストが必要な場合もある。

その差額については、アメリカ政府が全額を支払っている。こうした輸出のための補助金を、アメリカ政府は、穀物三品目だけでも、多い年には約一兆円も使っている。そうやって自国の産品を安く売ることで、日本の小麦や大豆をはじめ、途上国の穀物生産を潰してきたわけだ。

だが、アメリカの財政が悪化し、その補助金の負担が苦しくなると、穀物などの国際価格を吊り上げ、補助金の額を抑えようとした。

二〇〇八年にオーストラリアの干魃をきっかけに、穀物不足が深刻化していた時に、アメリカはこれを国際価格吊り上げの好機と見た。そして、穀物不足にもかかわらず、トウモロコシをバイオエタノール製造に回す目的で、税金を免除したのである。バイオ燃料の需要を政策的に無理矢理作ったようなものだ。

一方で、アメリカは補助金漬け農産物で相手国の農業を駆逐するため、世界各国に「貿易自由化」を強要していた。メキシコなどはＮＡＦＴＡ（北米自由貿易協定）によって、穀物の関税を撤廃していた。よって、トウモロコシはメキシコの主食にもかかわらず、アメリカからの輸入に依存する状況に陥っていた。

二〇〇八年にいざ食料危機が発生すると、前述の通り、トウモロコシ価格はアメリカによって吊り上げられ、メキシコではトウモロコシが買えなくなり、社会不安が発生してしまった。

一日三食「イモ」の時代がやってくる

メキシコのケースは、日本にとっても「他人事」ではない。

二〇二二年四月一九日に放送された、テレビ東京「ワールドビジネスサテライト」は衝撃的な内容だった。

有事に食料輸入がストップした場合、日本の食卓がどうなるかを農水省が示しているが、それに基づいて、三食がイモ中心という食事を再現して放送したのである。先進国最低の三七パーセントという、日本の食料自給率の問題を改めて問うことになった。

また、自給率を上げるために必要なこととして、「農家が赤字になったら補塡する。また、政府が需給の調整弁の役割を果たし、消費者と生産者の双方を助ける仕組みを導入する

図表② 国内生産のみで2020kcal供給する場合の１日のメニュー例

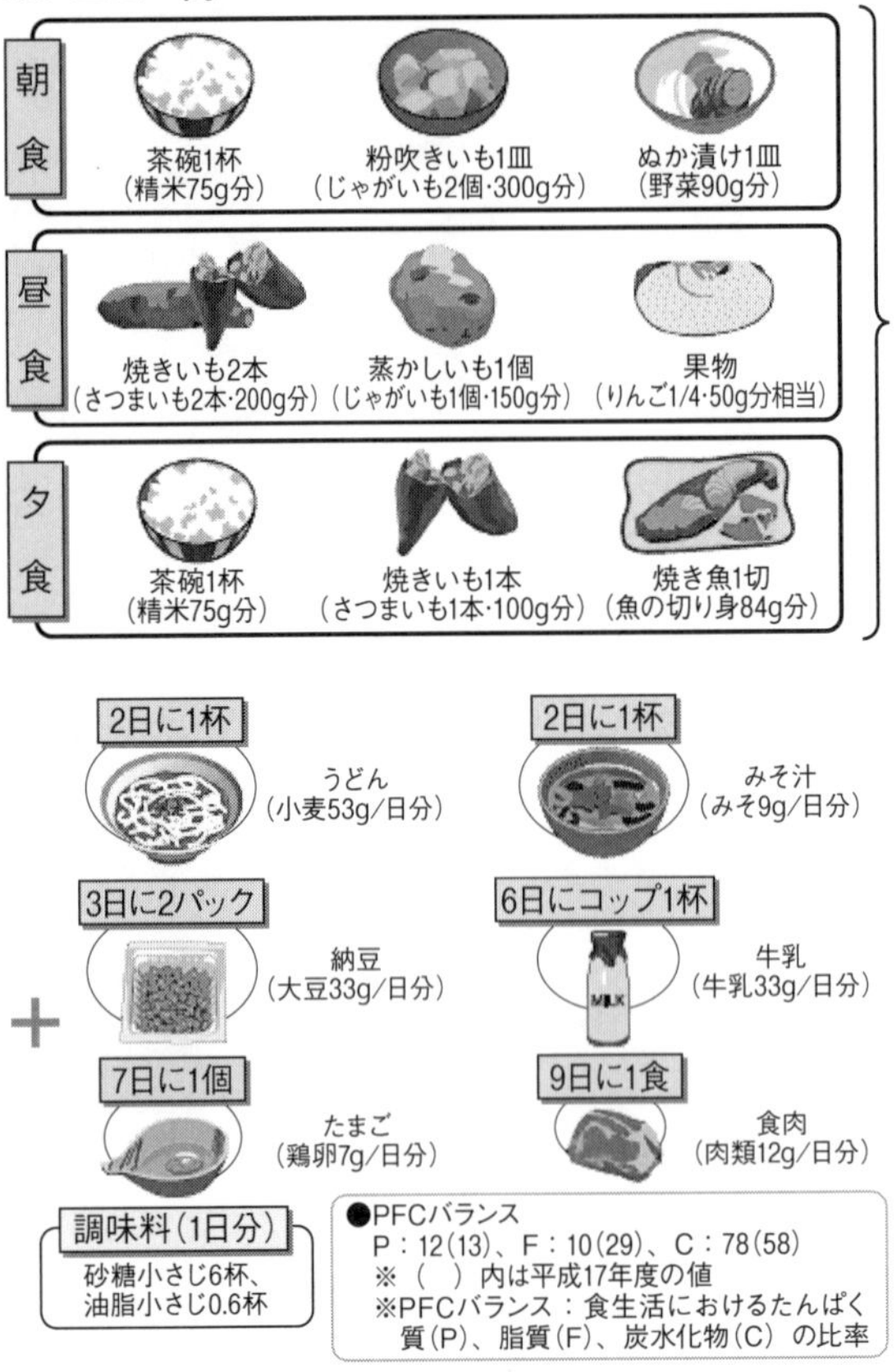

資料：農林水産省作成。
注：平成27年度の食料自給率目標が達成された場合における農地面積（450万ha)、農業技術水準等のもとで、熱量効率を最大化した場合の国内農業生産による供給可能量に基づくメニュー例。

べき」という、筆者のコメントも放映した。

二二年四月二八日の日経新聞も、「食料安保、最後はイモ頼み　不測の事態に乏しい備え」という記事を掲載している。その中で、「各国が自国優先で輸出を止めた場合、日本は食料が確保できなくなる恐れがある」という筆者の言葉を紹介している。

一方、この記事へのコメントとして、「安定した供給を可能にする自由貿易の必要性」を、ある経済学者が付け加えていたのは残念だった。彼らには、「自由貿易に頼り、自国の食料生産を破壊したら有事に国民が飢える。それゆえ、一国の安全保障として、食料自給率を上げなければならない」という当然の論理を理解してもらいたいものだ。

一部の経済学者からは、「自由貿易と食料自給率の向上は両立する」という反論もある。だが、どのようにすれば、自由貿易でも食料自給率が向上するのか、彼らから説得力のある説明を聞いたことがない。


「食料を自給できない人たちは奴隷である」

かつて、キューバの著作家であり、革命家でもあった、ホセ・マルティ（一八五三―一八九五）はこう語った。

また、我が国でも、高村光太郎《たかむらこうたろう》（一八八三―一九五六）が次の言葉を残している。

「食うものだけは自給したい。個人でも、国家でも、これなくして真の独立はない」

だが、二〇二〇年度の日本の食料自給率は、カロリーベースで三七・一七パーセントと、一九六五年の統計開始以来、最低の水準だ。

日本に独立国を名乗る資格はあるのか。

世界的な食料危機が懸念されているなか、この問題が、これまで以上に問われている。

日本には「食料安全保障」が存在しない

二〇二二年一月一七日に行われた、岸田文雄《きしだふみお》総理大臣の施政方針演説において、「経済安全保障」という言葉が語られた。だが、そこに「食料安全保障」「食料自給率」への言及はなく、農業政策の目玉は、輸出振興とデジタル化であるとされていた。

食料や生産資材の高騰と、中国などに対する「買い負け」が顕著となり、国民の食料確保や、国内農業生産の継続に不安が高まっている。そんな中、前面に出てくる政策がこれでは、いまの政府には危機認識力が欠如していると言わざるを得ない。

もちろん筆者も輸出振興を否定するわけではない。だが、食料自給率が約三七パーセントと、世界的にもきわめて低い日本にとって、食料危機が迫るいま、真っ先にやるべきことは、輸出振興ではない。国内生産の確保に全力を挙げることである。

　施政方針演説の中で、岸田総理は、二〇二一年の農産物輸出額が一兆円を突破したと語っている。だが、この数字はある種の「粉飾」に過ぎない。日本からの輸出は加工食品が多いが、「原料」は輸入されている。そのため、本当に国産の農産物といえる輸出額は、一〇〇〇億円にも満たない。そんな状況にもかかわらず、農産物輸出額を五兆円に伸ばすというのは、空虚なアドバルーンに他ならない。

　一方、農業のデジタル化について、筆者は否定しない。ただ、デジタル化ですべてが解決するというのは夢物語だ。そうした夢物語を語ることに、意味があるのだろうか。


　ウクライナ戦争を受けて、政府内にもさすがに食料危機への懸念が強まっているようだ。与党や農水省には、食料安全保障の検討会が立ち上げられている。しかし、そこで議論されている内容は、断片的な域を出ていない。

　農家に対して、肥料価格高騰分を補填するとか、当面の飼料や肥料原料の調達先の確保、といった議論ばかりが先に立っている。もちろんそれらも必要な議論ではあるが、根本的な議論が欠けているのではないか。

いま日本に突き付けられているのは、食料、種、肥料、エサなどを、海外に依存する度合いが大きすぎれば、いざという時に国民の命を守れない、という現実である。それなのに、より自由化を進めて、貿易を増やすことが安全保障であるといった、筋違いの議論が、いまだに横行している。

農家に対して断片的な支援を行うよりも、国産の農産物を増やすための、抜本的な改革こそ必要なはずだ。

筆者がこのことを主張すると、「危機を煽っている」と批判されることがある。だが、危機に備えることこそ、安全保障の本質ではないだろうか。

「市場競争」と「自己責任」が食料危機を招いた

国の安全保障を考える上で、目先の経済効率だけを優先しているようでは、視野が狭いと言われても仕方がないだろう。何でもかんでも市場競争にゆだねていると、命や健康にかかわる「食の安全性」についても、コスト削減の名の下に切り詰められてしまい、いずれ重大な危険が生じかねない。日本のように食料自給率が約三七パーセントにまで低下した国は、

「量の安全保障」においては、すでに「敗北」したと言ってもいいだろう。

こうした状況だと、輸入食品の安全性に多少不安があっても、輸入に頼らざるを得ない場面が出てくる。つまり、「量の安全保障」に敗北したことで、「質の安全保障」も崩壊しかけているのだ。


あらためて日本に「食料安全保障」が必要とされている中、政府がやるべきなのは、「国産振興」だ。だが、政府はまだ「コメをこれ以上作るな」と言い続けている。しかも、コメの代わりに、麦、大豆、野菜、そば、エサ米、牧草などを作る支援として出していた交付金の「カット」を決めている。国産振興どころか、農家に向かって「廃業して」と言わんばかりの政府の姿勢には、あきれるばかりである。

コロナ禍では、外出自粛により外食ニーズが減少し、コメ消費量も減ったことで、二〇万トン以上ものコメ在庫が積み増されている。その結果、米価が下落し、農家の経営を非常に難しくしている。米価は、地域や品種によっては、農家手取り価格で一俵あたり一万円を下回り、七〇〇〇〜九〇〇〇円にまで下落している。

一方、日本におけるコメ一俵の平均生産コストは、一万五〇〇〇円程度だ。つまり、コメ農家は売れば売るほど赤字になってしまう。農家の自己責任に任せるばかりでは、家族経営の中小農家だけでなく、専業的な大規模稲作経営もつぶれてしまうだろう。

なぜ「食料増産」をしないのか

世界の食料事情は、もはや危機に突入していると言っても過言ではない。そんな中、政府はコメや牛乳の減産を要請し、農家の意欲をそいでいる。

世界の飢餓人口は、いまや八億人にも上るといわれている。日本は世界の一員として、抜本的な増産支援を行うと同時に、国内外への人道支援を実施すべきではないだろうか。

酪農については、畜産クラスター事業と呼ばれる、収益性向上の取り組みが行われている。この事業で、機械設備を増強し生産を大幅に増やすことが、補助金の条件となった。つまり、牛乳を増産せよと言って、牛乳を余らせたのは、他ならぬ政府自身なのである。なのに、いざ牛乳余りが発生すると、「牛乳を搾るな」と要請して、いわゆる「二階に上げて梯《はし》子《ご》を外す」ようなことをやってしまった。

いまごろになって消費者に、「廃棄しなくて済むようにもっと牛乳を飲もう」と呼びかけているが、それで政府としての責任を果たしたとは言えないだろう。しかも、農家に「牛乳を搾るな」と言っておきながら、畜産クラスター事業はいまだに継続されているのである。

予算枠を確保しておきたいからとはいえ、政府は、牛乳を増産させたいのか、それとも減産させたいのか。それすら混乱しているような状況が続いている。

アメリカでは、コロナ禍による農家の所得減に対して、総額三・三兆円もの直接給付を行っている。また、三三〇〇億円を支出し、農家から余剰在庫を買い上げて、困窮世帯に配布している。

そもそも、コロナ禍より前から、アメリカ・カナダ・EU諸国では、あらかじめ設定された「最低価格」で、政府が農家から穀物・乳製品を買い上げ、国内外への人道支援に回す仕組みを構築している。その上、農家の生産費を補償するように、二段構えの直接支払いも行われている。

アメリカ・カナダ・EUにおける農家支援と、日本の農家軽視との差は、あまりにも大きい。

農業への財政出動なくして、今回の食料危機は回避不可能だ。

いまこそ、農政を抜本的に変革する時だと言えるだろう。

第一章　世界を襲う「食の一〇大リスク」

穀倉地帯を直撃した「ウクライナ戦争」

ウクライナは、もともと世界的に重要な穀倉地帯である。黒い肥沃な土壌であるチェルノーゼム、いわゆる「黒土」が広がっており、とくに小麦の輸出では、ロシアとウクライナが約三割を占めている。

ウクライナでは、ロシアによる侵攻の影響で、小麦の種を植える「播種」を、四月のうちに十分行うことができなかった。それによって、収穫にかなり影響が出ることが予想されている。

しかも、ロシア軍によって港が破壊された影響で、輸出が難しい状況に追い込まれている。

戦争の影響で、ロシアは欧米諸国から経済制裁を科されている。その対抗策として、ロシアは資源や農産物の輸出を、意図的に抑制している。

小麦輸出の三割を占めるロシアとウクライナが、こうした状況にあることで、世界の小麦供給が大きく減ると予想されている。ウクライナやロシアからの輸入に依存する国々が、真っ先に悲鳴を上げることになるだろう。

一方、日本の輸入先はアメリカやカナダ、オーストラリアなので、影響はないという意見もある。だが、これまでロシアやウクライナから買っていた国は、当然、アメリカ・カナダ・オーストラリアから買うことを検討するだろう。

そうやって、世界中で小麦の争奪戦が起きれば、当然、日本にも深刻な影響が出てくる。世界の国々の中には、国内の消費を優先するため、輸出を控える動きが出てくるだろう。すでにインドは、小麦の輸出を停止し、砂糖の輸出は年一〇〇〇万トンに制限している。インドでは二〇二二年三月に観測史上最高の平均気温を記録するなど、記録的な熱波の影響によって、小麦の生産量が減少すると予想されており、これに対応したかたちだ。

「世界食料危機」が発生すれば、こうした動きが連鎖して起こってくる。そうなれば、小麦の相場は、記録的な高値となるに違いない。

現に、シカゴ市場では、二二年三月八日の時点で、すでに二〇〇八年の食料危機時の最高値を超えた。

このように、戦争など、地政学リスクによる食料危機時には、各国の思惑により、食料輸出が操作されてしまう。

それに対応するために、日本は安全保障の観点から、食料の確保を考えねばならない。

だが、いまの日本政府を見る限り、そうした危機には対応できていないのが現状だ。対ロシア経済制裁や、対中国、対北朝鮮を念頭に置いた、敵基地攻撃能力の議論は勇ましく行われている。だが、いざ有事となり、ロシアや中国が日本向け輸出を止めた場合、日本国内が飢えてしまうようでは、政府は無策のそしりを免れないだろう。

一方、アメリカやEU諸国は、いざという時には食料を自国でまかなえるように、平時のうちから農業を保護している。

今後の世界は、中国・ロシア側と西側諸国の対立構造が、よりはっきりしていくだろう。アジアや中東の中には、中国・ロシア陣営につく国も出てくるはずだ。

そうした国際情勢となっても、アメリカやEU諸国は、自国の食料をまかなうことができる。だが、アメリカ追従を続ける日本は、その準備ができていない。

アメリカがいつでも日本を助けてくれると思ったら、大間違いである。

二〇一七年に、北朝鮮が長距離弾道ミサイルの発射実験を行った際、アメリカは北朝鮮を攻撃するプランを持っていたことが判明している。この時点では、北朝鮮はまだ核をアメリカ本土まで飛ばすことができなかった。なら今のうちに叩いてしまえ、となったのだが、その時点で、北朝鮮は日本や韓国を核攻撃するだけの能力は持っていた。つまり、アメリカは、日本や韓国を見捨てることを検討していたのだ。

そもそも、いざという時にアメリカが守ってくれないことは、ウクライナ戦争が証明しているのではないだろうか。

日本は、食料安全保障上、大変危険な状態にあるということを、認識すべきなのである。

国力低下の日本を直撃「中国の爆買い」

「爆買い」というと、中国人観光客が、銀座などでたくさん買い物をしてくれる、というイメージがあるかもしれない。しかし、こと食料の分野における「爆買い」は、日本にとってまったくありがたくない話である。

中国では二〇一八年にアフリカ豚熱という豚の疫病が発生し、一時的に豚肉生産が大きく減少した。その後、供給不安が生じないよう、早期の生産回復につとめた結果、豚のエサの輸入を増やした。そのため、世界の穀物を中国が買い占める、という事態に至った。

さらにコロナショックが起こり、中国国内の需要も一時は落ち込んだ。だが、コロナ禍も終わりが見え、中国の需要が急回復しているので、食料需要が急拡大し、家畜のエサとなる穀物の輸入も急増している。

中国の統計を見ると、だいたい五年ほど前から、穀物需要が急激に増加している。おそらく、中国の食生活がものすごい勢いで欧米化しており、大量の食肉や牛乳が消費されるようになったので、家畜のエサとして莫大な量の穀物が必要になってきたのだろう。

中国経済が力をつけたことで、世界の食料市場において、強い購買力を発揮するようになった。その結果、中国が高値をつけ、日本が買い負ける、というケースが目立っている。とくに、牛肉の分野では、日本国内で生産された高級和牛が、中国向け輸出に回る傾向が見られる。和牛だけでなく、アメリカ産牛肉についても、中国が高値をつけるため、日本国内に輸入される分の価格が吊り上がっている。

水産物についても、おおむね事情は同じだ。中国ではもともと魚介類というと、川の魚のイメージが強かった。だが、経済発展と食文化の多様化によって、海の魚へのニーズが高まっている。その結果、日本の買い負けが起きている。

日本の水産物の関税は、実は平均四・二パーセントしかない。そのため、日本では、海外産水産物の輸入量が大きいのだが、世界中の水産物を中国が買っていくため、海外産水産物の価格が上昇し、日本向けに売ってもらえなくなりつつある。

いま足元では記録的な円安が進んでいるが、為替相場も、日本が世界の食料市場で「買い負け」る要因となってくるだろう。

これまでの日本では、食料とは「お金さえ出せば手に入る」ものだった。だが、足元の状況は、その認識を根本的に改めなければならないところまで来ている。

中国に「買い負け」ている状況下で、「世界食料危機」が発生すれば、どうなるだろうか。国内で不足する食料を、海外から輸入することができなくなるかもしれない。そうなったら、日本国内で、食料をめぐって大混乱が発生しかねないだろう。

そもそも、「爆買い」の影響を受けてしまうのは、日本の食料自給率が低いからだ。ある程度の量を国内生産でまかなっていれば、そこまでの大問題にはならないのである。

人手不足を悪化させた「コロナショック」

二〇二〇年に始まったコロナ禍によって、世界中の物流が止まり、種や肥料の輸入に大きな影響が出ていることは、序章でも触れた。ここで、もう一つ重要な「コロナショック」についても触れておきたい。それは、日本の農業における「労働力」の問題である。

コロナショックによって、いわゆる「技能実習生」たちが、日本に入国できなくなってしまった。それによって、日本の農業が、大きな打撃を受けているのである。良かれ悪しかれ、いまの日本の農業が、技能実習生をはじめとする、広い意味の「移民労働者」に依存してきたことは事実だ。作物にもよるが、とくに大規模な野菜農家などでは、技能実習生がいなければ収穫作業ができない、という状況があった。

そこにコロナショックが起こり、外国との人の行き来が止まってしまった。そのため、長野や群馬などの大規模野菜農家では、人手不足で収穫ができなくなることを見越して、作付けを例年の三分の一に減らすことを検討せざるを得なかった。

畜産でも問題は同じだ。千葉県などのあまり大規模ではない酪農家だと、夫婦二人と技能実習生三人で仕事を回す、といった状況が普通だった。ところが、実習生がいなくなってしまったので、酪農自体をやめてしまう動きもある。

もともと、技能実習生という制度自体が問題を抱えていた。移民としての立場も曖昧で、非人道的な扱いを受けるケースもあったと報じられている。技能実習生が短期間しか滞在できない制度は、日本の農業にとって、本来あまりいいものではなかった。ある意味「使い捨て」の労働者として扱い、彼らが働く環境や、社会保障の整備を怠ってきた。しかしながら、少子化により人手不足に悩む日本の農業としては、彼らの労働条件を改善し、日本に長期間滞在してもらえる仕組みこそむしろ必要だった。

もし、そうした仕組みが整備されていれば、「コロナショック」のせいで、人手が集まらない、という事態が多少なりとも緩和されたかもしれない。

ちなみに、欧米でも、農業は移民の労働力に依存していることが多い。ヨーロッパの農業や食品工場はアフリカ諸国からの移民労働力に依存している。アメリカでも事情は似たようなものだ。

アメリカの食肉工場で、新型コロナのクラスターが発生し、食肉の加工が止まったという事件があった。新型コロナが感染力の強い病気であったことも事実だが、それ以上に、アメリカの食肉工場が、不衛生で劣悪な労働環境であったことが、コロナ感染を悪化させた一因だった。そうした劣悪な環境で、移民労働者を長時間労働させていた実態が、コロナショックで明るみに出たのである。

アメリカやEU諸国は、発展途上国に対して、「子どもを労働させている」「搾取が行われている」という批判を繰り返している。だが、当のアメリカやヨーロッパ自身が、そうした劣悪な環境で働く移民労働者に依存していることも、また事実である。

アメリカ産の安い牛肉は、移民労働者への搾取があってはじめて成り立っているということを、私たちはもっと知るべきではないだろうか。

もはや当たり前になった「異常気象」

序章でも触れたが、毎年のように異常気象が起こっていて、もはや「異常こそノーマル」という時代に入っている。地球温暖化については諸説あるが、少なくとも平均気温は上昇していて、いろんな自然災害が起きやすくなっているのは事実だ。

二〇二〇年に、アフリカでサバクトビバッタが大量発生し、農作物を食いつくすという、いわゆる「蝗害《こうがい》」が起こったことも記憶にあたらしい。

日本でも、これまでにはなかったような災害が、毎年のように発生している。たとえば、千葉県はこれまで台風があまり来ない地域だったが、ここ数年は毎年のように大きな台風が直撃している。雨の降り方も変わってきており、ドカンと降る、災害になりやすい雨が増えている。

このように、自然災害の頻度が増していることは、統計を取れば明らかな事実だ。災害が増えれば、農業生産にも当然大きな影響がある。そのため、災害により農産物の供給が減少する、という事態が毎年恒例になってしまった。

その一方で、農産物を供給できる国は、どんどん減っている。

アメリカは農産物の輸出を戦略的に活用している。補助金漬けの作物を他国に安く売ることで、食料を輸入に頼る国を増やしてきた。

また、ＩＭＦ（国際通貨基金）や世界銀行といった機関が、破綻した国や貧しい国に対して開発援助を行う代わりに、関税撤廃や規制緩和を約束させ、アメリカの農産物を買わざるを得ない状況をつくりあげている。

開発援助と規制緩和が、貧困を緩和すると言いつつ、現地の農業を潰している。

その代わりとして、アメリカのグローバル企業が、バナナやコーヒーといった商品作物の農園を作り、現地の農民を搾取する構造を拡大しているのだ。

いまや、食料を供給できる国は、アメリカ、カナダ、オーストラリア、ブラジル、ヨーロッパの一部など、かなり偏《かたよ》っているのが現状だ。

その結果、日本のほか、発展途上国やアフリカ諸国は、食料を輸入に頼ることになってしまった。

自然災害によって、農業生産に影響が出やすくなっている。その分、食料価格も上昇しやすい状況が生まれている。「不安心理」が蔓延すると、輸出規制も起こりやすくなるし、投機的なマネーの流入も増える。その結果、さらに価格上昇が増幅されるという悪循環に陥る。この悪循環の影響を受けやすいのが、アフリカなどの貧しい国々だ。

もともと、ウクライナやロシアからの輸入小麦に依存していたため、アフリカ諸国の一部はすでに食料危機に陥っている。戦争や自然災害の影響が増幅されてしまうのは、サハラ以南のアフリカにおいて、アメリカ主導で、徹底的な規制撤廃と貿易自由化が行われたことが原因なのである。こうしたいびつな食料供給システムに、異常気象が直撃すれば、食料供給力を持たない国は、たちまち危機に陥ってしまうだろう。

「原油価格高騰」で農家がつぶれる

原油の価格が上がると、あらゆる生産活動に影響する。肥料やトラクター等の燃料コスト、光熱費のほか、物流のコストも上がるため、原油価格が上がれば上がるほど、食料価格もどんどん上がることになる。

また、原油価格は別の点でも、食料価格を吊り上げ、食料危機を悪化させることがある。

前述した二〇〇八年の世界食料危機は、まさに原油価格の高騰によって引き起こされたという側面があるのだ。

二〇〇〇年代当時、国際的なテロ事件などを背景に、原油価格の高騰が続いていた。アメリカのブッシュ政権は、それを理由に、原油の中東依存度を下げ、エネルギー自給率を高める方向に転換する。その結果、トウモロコシなどを原料とするバイオ燃料が推進されることになった。

一方で、二〇〇七年に世界的な不作が発生すると、このバイオ燃料が大きな問題となった。バイオ燃料向けトウモロコシ需要が、世界の穀物価格を約三倍にも吊り上げてしまったのである。

原油価格が上がれば、農家はその分を価格に上乗せすればいい、と思われるかも知れない。

だが、日本の場合、そうした価格転嫁が難しい事情がある。農産物の価格を決定する上で、農家より大手小売りチェーンのほうが、圧倒的に力が強い。従って、日本の農家は、農産物の価格を上げられず、買いたたかれてしまう。大手小売りチェーンがいくらで売りたい

図表③　産地vs.小売りの取引交渉力の推定結果

品目	産地vs.小売り	品目	産地vs.小売り
コメ	0.11	なす	0.399
飲用乳	0.14	トマト	0.338
だいこん	0.471	きゅうり	0.323
にんじん	0.333	ピーマン	0.446
はくさい	0.375	さといも	0.284
キャベツ	0.386	たまねぎ	0.386
ほうれんそう	0.261	レタス	0.309
ねぎ	0.416	ばれいしょ	0.373

注：産地の取引交渉力が完全優位＝１、完全劣位＝０。飲用乳はvs.メーカー。共販の力でコメは3000円/60kg程度、牛乳は16円/kg、農家手取りは増加。コメは大林有紀子氏、飲用乳は結城千佳氏、それ以外は佐野友紀氏による。

かで、価格を決定されてしまうので、時には農作物を作るのにかかったコスト「以下」で売ることもある。

通常、どんな製品でも、作るのにかかったコストにマージンを上乗せした金額で売られるのが普通だ。

日本の農産物は、それほどいびつな構造のもとに流通しているのである。

一方、加工食品の場合は、メーカーがもっと強い。そのため、輸入小麦の価格が上がれば、パスタやパンの価格は上昇する。

しかし、野菜など一般の農産物の場合、肥料や原油価格の高騰を理由に、価格を上げられるかといえば、そう簡単には上げられない。農産物は農家が直接売るのではなく、農協が介在するが、それでも大手小売りチェーンに押されている。

それにより、肥料や原油価格の高騰が続くなら、先に農家がつぶれてしまうだろう。

また、逆に、肥料や原油価格が高騰した分を、価格に転嫁できたとすると、消費者が買う時の食料品価格が、今よりさらに高騰する。物価上昇は消費者の不満をいやが上にも高める。極端な場合、暴動など、社会不安の原因ともなるだろう。

実際、世界では原油価格の高騰による混乱が起こっている。二〇二二年三月三一日には、スリランカの最大都市コロンボ郊外で、大規模な抗議運動が発生。デモ隊と警察が衝突し、翌日には非常事態宣言、夜間外出禁止令が発令された。その後、四月四日には首相以外の全閣僚が辞任している。

もともとスリランカは、多額の対外債務に苦しんでいた。中国への債務が返済できず、港の権利を中国に渡してしまった件も記憶に新しい。そのスリランカでは、コロナ禍で観光収入が途絶え、外貨不足に陥って原油や食料の輸入が滞ってしまった。

食料危機をきっかけに、こうした社会不安が日本で発生しないとは言い切れない。少なくとも、そうならないための対策が必要なのは言うまでもない。

世界の食を牛耳る「多国籍企業」

いま世界は、ウクライナ戦争の影響もあって、アメリカ・EU諸国とロシア・中国の対立構造が鮮明になっている。

ただ、一方で、世界経済の面では、国境を越えて活動する多国籍企業の存在が年々大きくなっている。そうした多国籍企業の中には、もちろん軍需産業も含まれる。これらの企業が各国の政府を動かし、自らに有利な政策を決めさせているのが、いまの世界の構造だといっても過言ではないだろう。こうした多国籍企業の動きが、食料危機を悪化させる一因ともなっている。

日本は、こうした多国籍企業の標的になっている。日本の全農（全国農業協同組合連合会）は、アメリカから、遺伝子組み換えでない穀物を分別して日本に輸入している。だが、多国籍企業、とくに、遺伝子組み換え作物を手掛ける、いわゆる穀物メジャーからすると、こうした全農の動きが目障りとなってくる。

全農は、アメリカのニューオーリンズに、全農グレインという子会社を保有している。この全農グレインは、世界一の船積み施設を持っている。そのため、穀物メジャーは、その全農グレインに目を付け、買収することを計画した。しかし、全農は協同組合で、株式会社ではないため、買収できない。そこで穀物メジャーは、アメリカ政府に圧力をかけた。

アメリカ政府は、日米合同委員会という、本来は軍事関係の命令を通達する場で、日本政府に対して、全農を株式会社化しろと要求したという。それにより、日本国内で、メディアも使って、全農批判が始まり、全農は既得権益者だから、株式会社化してしまえという論調が作り出された。

実は、オーストラリアでも、似たような事例がある。オーストラリアの小麦の輸出は、もともと「ボード」という、協同組合的な組織が担っていた。そして、多国籍企業が、さまざまな情報を流し、この「ボード」という組織を悪者に仕立て上げた。オーストラリアの「ボード」の小麦輸出組織のことをＡＷＢと言うが、これが不正な輸出を行っていた、といった情報が流されたが、その背後にはＣＩＡ（中央情報局）も暗躍したという。そうして、「ボード」の解体が必要だという世論を作っておいて、まず株式会社化させた。

最初こそ、株式会社化しても、その株は農家が保有する株式、農家株式になっていて、売買できなくなっていた。ただ、それもすぐ売買可能にされて、結局、アメリカの穀物メジャー、カーギルに売り飛ばされてしまった。

日本でも同様の議論が進んでいる。全農を株式会社化しても、農家株式にして、売買できないようにすればいいと主張する人がいる。しかし、それはオーストラリアで行われたのと、まったく同じ手口である。多国籍企業が全農を買収し、中国の国営企業に売る、という話すら出ているという。

もしそんなことが実現してしまえば、日本の「食」が、いまよりもさらに危機的な状況に陥るのは、火を見るよりも明らかだろう。

食を軽視する「経産省・財務省」

世界食料危機が発生すると、食料価格が高騰する。その結果、「高すぎて買えない」ということも起こり得るが、それ以上に、「食料輸出国が輸出をストップ」し、お金を出しても買えない、という事態が懸念される。

その場合、日本国民が飢えることになる。

そうした最悪の事態を避けるために、平時から「食料安全保障」の備えが必要だ。

しかし、いまの日本政府に、食料安全保障を重視する考えがないことこそ、ある意味最大のリスクかもしれない。

岸田政権は「経済安全保障」という方針を掲げ、軍事面の安全保障も予算を倍にするとぶち上げているが、どこを探しても、「食料」のことは出てこない。それもそのはずである。日本の「食」を、安全保障の基礎として位置付けるどころか、むしろ、貿易自由化を推し進め、相手国に差し出す「生け贄《いにえ》」のように扱ってきたのが、いまの政府だ。その結果、自動車などは、輸出先の関税が下がったので、大きな利益を享受している。しかし、日本国内の農業は、大きな打撃を受け、食料自給率は過去最低水準まで下がってしまっている。

我が国の政府に、国民の生活を守る「安全保障」に対する考え方が欠落していることが、日本を食料危機に脆弱《ぜいじゃく》な国にしてしまったのだ。

もし世界食料危機によって、日本国内で飢餓が発生すれば、それは紛れもなく、「人災」と言うべきであろう。

もちろん、政府の中にも、食料自給率を上げようと思っている人はいる。だが、いまの政府で力を持っているのは、経済産業省や、財務省だ。かつては、経済産業省、外務省、農水省、財務省はもっと対等な関係だった。重要問題について官邸で相談する際も、各省庁の秘書官が、対等な立場で、それぞれの意見を主張し、バランスの取れた政策に持っていくことが何とかできた。

しかし、第二次安倍晋三《あべしんぞう》政権以降、その仕組みが崩れてしまった。第二次安倍政権では、経産省出身者が官邸を牛耳った。それにより、経産省政権と揶揄《やゆ》されたほど、官邸が経産省の意向で動くようになってしまった。

日本の農政を台無しにしている、もう一つの犯人は、財務省だ。財務省という官庁は、ずっと「亡国の財政政策」を続けている。彼らは予算を削ることしか頭にない。大局的な見地で、必要な政策にはお金を使うべきだ、という発想が欠けている。彼らの頭にあるのは、どうやって農業予算を減らすか、それだけのようにさえ見える。

先に、アメリカがやっているように、日本でもコロナ禍で余った農産物を困窮世帯に配布すべきだ、ということを筆者は主張した。それが日本では実現しない最大の要因は、財務省が農水予算を削っているからだ。

農水予算はシーリング（概算要求基準）で二・二兆円プラス一パーセント、などと決まっている。従って、新たな事業をやるなら、別の事業をやめなければならないというのが、財務省の言い分だ。しかし、コロナ禍で困っている農家がたくさんいる中で、そんな形式論ばかり言っていてもしかたがない。

なぜ、経産省、財務省の主張ばかりが通り、やって当然の農業政策ができないのか。

根本的な原因は、「政治」にある。

かつては自民党の「農水族」と、大手町の「全中」(全国農業協同組合中央会)、そして農林水産省の三者で農業政策を決めていた。昔は自民党の「農水族」が一大勢力をなしており、党全体としても、農業を重視していた。そのため、仮に財務省が農水予算を削ろうとしても、一定の歯止めがかかっていた。

筆者は農水官僚時代に、食料・農業・農村政策審議会の、会長代理兼企画部会長という役職をつとめていた。

二〇〇八年の食料危機の際、自民党の農水族、全中、農水省の三者で、緊急対策について相談した。その内容を審議会にはかり、一般消費者も巻き込んだ議論をつみ重ねて、最終的な政策に落とし込んでいった。

かつてはこのようなプロセスで政策が決まっていたので、経産省や財務省の横やりにも一定の歯止めがかかった。しかし、中選挙区から小選挙区への移行をきっかけに、自民党の農水族は縮小、農地を持たない選挙区、農業の割合が低い選挙区が増え、政治家にとって農業が重要問題ではなくなってしまった。

かつて、農家は自民党の「票田」だったが、農業自体が縮小し、農家の数も減ったことで、票田としての価値が下がってしまった、という事情も影響している。

そうしたことが積み重なって、農政全体に「ゆがみ」が生じてしまったことが、日本の食料問題の根幹にあるのは間違いない。

「今だけ、カネだけ、自分だけ」の「新自由主義者」が農業を破壊する

日本政府が農業を軽視する背景には、アメリカの意向がある。アメリカ政府は、多国籍企業の意向で動いている。その多国籍企業の中には、農産物を日本に輸出しようとしている企業も含まれている。

二〇一五年にTPP（環太平洋パートナーシップ協定）が大筋合意された後、アメリカはこれに署名せず、離脱してしまった。ただ、TPPには、日米二国間の「サイドレター」が存在するため、アメリカとの間の約束が大きな意味を持ってしまっている。この「サイドレ

ター」の効力について、二〇一六年一二月九日、岸田外務大臣（当時）が、「サイドレターに書いてある内容は日本が『自主的に』決めたことの確認であって、だから『自主的に』実施して行く」と答弁している。日本政府の言う「自主的に」とは、「アメリカの意向通りに」という意味である。

ちなみに、この日米間のサイドレターには、「外国投資家その他利害関係者から意見及び提言を求める」とか、「日本国政府は規制改革会議（当時）の提言に従って必要な措置をとる」といったことすら書かれている。実際、規制改革推進会議は、種子関連の政策を含め、このサイドレターの合意に基づいた提言を行っていると思われる。

日本の政治家はアメリカの意向に逆らわない。もし逆らえば、政治生命だけでなく、自身の生命すら危うい、と思っている場合もある。また、政治家だけでなく、霞が関の行政官も、こういった思いを共有しているのが普通だ。

食料自給率を上げて、国民の命を守るということは、アメリカからの輸入を減らすということを意味する。そのため、政治家も官僚も、そうした方向性の政策はやろうとはしない。アメリカ側の嫌がる顔が目に浮かぶからだ。

日本政府は、「食料・農業・農村基本計画」というものを、五年に一度策定している。その中で、食料自給率を四五パーセントにするとか、五〇パーセントくらいには上げましょう、という程度のことは言っている。だが、そんなものはあくまで計画にすぎない。所詮は絵に描いた餅だから、その実現のための政策をやるつもりはない。

近年は、食料自給率を上げるべきだ、と言うのすら、憚《はばか》られるような雰囲気が生まれている。

また、農業を犠牲にして、貿易自由化を推し進めたことで、利益を享受した自動車などの業界へ天下りする連中もいる。アメリカ、財務省、経産省の「三つ巴構造」の外側で、農水省は完全に虐げられており、食料自給率を上げようという意見すら、言うことが許されないのが現状だ。

以前は農水省にもっと力があったので、農政がゆがめられそうになっても、もう少し踏ん張ることができた。TPPにしても、もともと農水省は猛反対していた。二〇一一年ごろにTPPの議論が始まったころ、私のところにも、何とかTPPを止めてほしいと、農水省の人が依頼しにきていた。彼らと協力して、もしTPPが締結されれば、日本の食料生産自給率は一三パーセントまで下がるという試算をつくって、反対の論陣をはった。だが、そのころには、省庁間の力関係で、農水省は劣勢に立たされてしまっていた。

第二次安倍政権になると、もはや白旗を上げるしかなくなっていた。なぜ、農水省が負けてしまったのかといえば、やはり当時の官房長官のもと、人事権を握られてしまったことが大きかった。内閣人事局が誕生し、各省庁の局長以上の人事権を、官房長官が握ったのである。もし農水省がＴＰＰに反対すれば、官邸は反対派官僚を全員首にすることができるようになったのだ。これでは戦いようがない。

その結果、人事権をたてに、「自給率が一三パーセントまで下がり、農業被害は四兆円前後」という農水省の試算を修正せよと迫られた。最終的には、農業被害額を約一六二〇億円まで減らすことになった。

「ＴＰＰを締結しても大丈夫」という試算をでっち上げさせられた農水省の担当者は、きっと苦渋の思いを味わったことだろう。

こうした「攻撃」を受けていたのは、農水省だけではない。農協（農業協同組合）にも、ＴＰＰ賛成派からの攻撃が行われていた。当然ながら、農協はＴＰＰに猛反対していた。そのため、自民党の議員などから逆に「農協を解体するぞ」と脅されることになった。その結果、実際にJA全中が解体されてしまう。二〇一五年の農協法改正によって、全国の農協に対する監査権限を失い、一般社団法人に移行したのだ。

これが、今の日本における農業政策の偽らざる現状なのである。

食料危機が警告されていても、政府内で食料自給率を上げる議論を本気でやっているとは思えない。こうした日本政府のあり方こそ、日本が直面する最大のリスクかもしれない。

安倍元総理の退陣にともない、経産省出身の補佐官は官邸を出て、その後三菱重工の顧問に天下りしている。

岸田政権になって、一見、経産省の力が弱まったようだが、規制改革推進会議を中心に、政策を決定している顔ぶれや構造はあまり変わっていないのではないか。

改革をすれば、みんなが幸せになると言いながら、規制緩和による利益は、自分たちが「総どり」してきたのである。

一部の「お友達企業」だけが儲かるのでは、いったい、誰のための規制緩和なのか。その「お友達企業」には、アメリカの穀物メジャーや、種子・農薬企業、金融・保険業界も含まれている。彼らにとって、最大の関心事は「自分たちの利益」だ。

「彼らが儲かるかどうか」だけを基準とするなら、日本の食料自給率がいくら下がろうと、どうでもいい。日本の農家が全部潰れてしまおうが、儲かりそうなところだけ、自分たちの会社で持っていければ、それでいいのである。

しかし、そこには「食料安全保障」の観点、国として国民生活をどう守るか、という観点が欠如している。

日本の政治が、長らくこうした無責任な施策を続けてきたせいで、日本はいま、食料危機を真剣に危惧しなければならなくなってしまった。

「農業生産の限界」が近づいている

食料危機になって、食料価格が高騰すれば、それから増産すればいい、という考えもあるかもしれない。もちろん世界の食料生産量を伸ばす余地はまだあるだろう。だが、一方で、先述したように異常気象が常態化し、世界の食料生産は不安定化している。

そもそも、食料増産にはタイムラグがある。種をまいて収穫するのは数ヵ月先の話だ。いざ危機が起こってから増産しても遅い。筆者自身も、かつては、食料価格が一時的に高騰しても、経済の仕組みにより供給力が増えるため、長期的には元に戻ると考えていた。だが、いまはその考え方が通用しなくなってきたと思っている。

食料の生産には、当然ながら大量の水が必要だ。食料を輸入する国は、実はその食料を育てるために使った大量の水を輸入しているのも同然だと考えられる。そうした、いわば仮想の水資源のことを、「バーチャルウォーター(仮想水)」と呼ぶ。日本が、お金を出して外国の食料を買うということは、このバーチャルウォーターを輸入しているのと同義なのである。

食料を輸出する国としては、貴重な水資源をどんどん海外に吸い取られるわけだから、たまったものではない。しかも、そうした国の水不足を、知らず知らずのうちに助長しているのは、日本ということになる。

水資源の豊富な日本にいるとあまり実感がないかもしれないが、世界は深刻な水不足に直面している。たとえば、アメリカのカリフォルニアは、もともと淡水が少ない地域だが、地球温暖化や、大規模農業生産の影響によって、水資源が枯渇してきている。二二年の段階で、干魃が三年続いており、二二年六月一日には前例のない配水制限に踏み切ったと報じられている。ほかにも、中国東北部でも水不足が慢性化し、航空機やロケットを使って人工的に雨を降らせているという。

水資源は有限だ。地球に存在する淡水はわずか二・五パーセント程度だと言われている。農産物の生産には水がどうしても必要になる。今後どれだけ技術革新が起ころうとも、水が有限である以上、食料生産も有限だということになる。

地球温暖化が原因にせよ、バーチャルウォーターの輸出入が原因にせよ、現実にカリフォルニアのような一大拠点で水が不足する以上、現地において農業生産を大きく増やすことはできない。

前述の通り、アメリカの世界戦略もあって、食料を供給できる国は限られている。その限られた国が、水不足に直面し、農業生産を増やせないとなれば、どうなるか。世界食料危機に直面しても、世界の食料供給量はそう簡単には増やせない、ということになる。

そもそも、バーチャルウォーターの輸入によって、他国の貴重な水資源を、日本をはじめとする輸入国が「浪費」することには、倫理的な問題がつきまとう。また、日本のように、本来水資源が豊富な国が、水資源に乏しいカリフォルニアから、大量の水を輸入するという非効率性も、もっと検討されてしかるべきである。

食料安全保障の観点からも、問題が懸念される。カリフォルニアのような、水不足によっていつ生産が止まるかわからない地域に、食料供給を依存するということは、日本の食料安全保障は、ずっと不安定なままだ、ということを意味する。

いざという時に困るのは日本だ、ということを忘れてはならない。

「食の安全」が蝕まれている

さて、食料危機をもたらす要因について説明してきたが、最後に「量」ではなく、「質」の問題も取り上げておきたい。

農産物に使える農薬の種類や量については、国際的な基準が設けられている。いわゆる「コーデックス基準」というのがそれだ。コーデックス基準とは、WHOとFAOによる合同食品規格委員会（コーデックス委員会）が作成し、各国に勧告しているものだ。外国の農産物は原則としてこの基準を守っていれば、日本に輸入することができる。ただ、中には、「成長ホルモン」のように、日本国内での使用が禁止されている薬品もある。輸入される農産物については、サンプル検査が行われており、基準を超える残留農薬がないかどうかをチェックしている。

しかし、そもそも、そのコーデックス基準自体が、果たして信頼に足るものなのかという疑問が残る。

「ラクトパミン」という、牛・豚のエサに混ぜる成長促進剤の安全基準を決める際、コーデックス委員会が紛糾したことがある。結局、投票に持ち込まれたが、アメリカ企業などによるロビー活動が功を奏し、ラクトパミン製造側に有利な安全基準が設定された、と言われている。これにEUが猛反対し、ラクトパミンはEUにおいては使用を禁止されることになった。

この時座長をつとめたのが、日本の厚労省からの出向者だった。当時、その方が私のところに来て、決定過程の問題点をはっきり語っていたことを記憶している。

このラクトパミンは、日本では使用が禁止されているが、前述の通り、サンプル検査によってコーデックス基準を下回っていれば、輸入することができる。そもそも、サンプル検査で、本当に安全が保証されるのかも、大いに疑問が残る。輸入される量に対して、ごくわずかな数しか検査していないからだ。しかも、サンプルを取ったあと、安全が確認されるまで待機するのではなく、そのまま通関させて、市場に出回ってしまうので、実質ザルだという指摘がある。

札幌のある医師が調べたところ、アメリカの赤身牛肉から、通常の六〇〇倍もの濃度の「エストロゲン」が検出されたという。エストロゲンとは、いわゆる女性ホルモンであり、アメリカなどでは、牛を早く成長させるための成長ホルモンとして使われている。だが、エストロゲンは乳がんの増殖因子となるという指摘があり、使用を禁止している国も多い。日本国内でも使用が禁止されているが、そのエストロゲンが、日本国内で流通する牛肉から、高い濃度で検出されているなら、検査体制に大きな疑問が残ると言わざるを得ない。

ＥＵは、食品の製造・流通や、安全基準の決定プロセスを問題視し、農薬などに独自の厳しい基準を設けている。その原動力となったのは、安全な食を求める消費者の力だった。

ＥＵの基準が厳しくなると、ＥＵへ輸出する国も、国内基準を厳しくしていった。その結果、たとえばタイなどは、世界でも農薬に厳しい国となっている。

一方、何事もアメリカ追従の日本は、そういう対応を取っていない。

日本の農産物はおいしくて安全、という「神話」は崩れた。むしろ、世界的に見れば、日本は禁止されている農薬が最も少ない、最も緩い農薬基準を取る国である。しかも、表向きは国内では使えないはずの「成長ホルモン」が、ザル検査によって実質的に輸入されている。その結果、現地で「危なくて食べない」ようなものまで、日本向けなら大丈夫ということで、輸出されてしまう構造ができている。

我々は、そうした食料を、知らないうちに食べているのである。

第二章　最初に飢えるのは日本

日本の食料自給率はなぜ下がったのか

日本の食料自給率は、二〇二〇年度で約三七パーセントと、きわめて低い水準にある。しかも、これはカロリーベースであり、本当の自給率はもっと低い。日本でつくられる農産物は、種やヒナを輸入に頼っているからだ。日本という国の規模、人口、歴史などを考えると、これは異常な低水準と言わざるを得ない。

しかし、不思議なことに、そうした低水準の食料自給率について、日本ではあまり懸念する声が聞かれない。もしかすると、多くの国民は、「食料自給率が低いのは仕方ない」と思っているのではないだろうか。

日本は島国で、国土面積が限られている。農地の面積も狭くならざるを得ない。そのため、狭い耕地を少人数で耕す、小規模で非効率な農業をやらざるを得ない。しかも、現代の日本人は、肉やパンを好んで食べるが、食肉生産や小麦生産は、日本よりも海外のほうが大規模で効率がいいので、食料の輸入が増えるのは仕方がない。

と、およそこういった考えが、行き渡っているのではないだろうか。

しかしながら、こういった考えは、「誤解」に過ぎない。日本の食料自給率が下がった最大の原因は、貿易自由化と食生活改変政策である。自動車などの関税撤廃を勝ち取るために、農産物の関税引き下げと、輸入枠の設定を、日本の農業は強要されてきた。そこに、アメリカやヨーロッパが、輸出のための補助金をジャブジャブ出して、ダンピングを仕掛けてきたのだから、たまらない。日本の農業は壊滅的な打撃を受けてしまったのである。

第二次大戦後、米国は日本人の食生活を無理やり変えさせてまで、日本を米国産農産物の一大消費地に仕立てあげようとした。そのために、さまざまな宣伝・情報工作も行われた。

日本人にアメリカ産の小麦を売るために、「米を食うとバカになる」という主張が載った本を、「回し者」に書かせるということすらやった。『頭脳―才能をひきだす処方箋』（林《はやし》髞《たかし》著、光文社）という本がそれである。食料難の戦後がようやく終わったころの一九五八年に出版されたこの本は、その後の日本の農業に、大きなダメージを与えることになった。いまでこそ、同書の存在はほとんど忘れ去られているが、当時は発売三年で五〇刷を超える大ベストセラーであり、日本社会に与えた影響は非常に大きかったのである。

この『頭脳』という本には、「コメ食低能論」がまことしやかに書かれている。著者の林氏によると、日本人が欧米人に劣っているのは、主食のコメが原因なのだそうだ。

「これはせめて子供の主食だけはパンにした方がよいということである。(中略)大人はもう、そういうことで育てられてしまったのであるから、あきらめよう。悪条件がかさなっているのだから、運命とあきらめよう。しかし、せめて子供たちの将来だけは、私どもとちがって、頭脳のよく働く、アメリカ人やソ連人と対等に話のできる子供に育ててやるのがほんとうである」(『頭脳』一六一―一六二ページ)

この記述は、当然ながら、科学的根拠がまったくない「暴論」と言わざるを得ない。だが、著者の林氏が慶應大学名誉教授であったことも手助けしたのか、当時はこれが正しい学説としてまかり通ったのである。

その当時、かの大手全国紙の名物コラムにも、「コメ食否定論」が堂々と掲載されていた。

「近年せっかくパンやメン類など粉食が普及しかけたのに、豊年の声につられて白米食に逆もどりするのでは、豊作も幸いとばかりはいえなくなる。としをとると米食に傾くものだが、親たちが自分の好みのままに次代の子供たちにまで米食のおつき合いをさせるのはよくない」(一九五八年三月一一日付朝日新聞「天声人語」)

有名大学教授、名だたる大新聞がこぞってコメ食否定論を唱えていたのだから、日本社会への影響は非常に大きかっただろう。

コメ中心の食を壊滅させた「洋食推進運動」

当時は、世界の農業生産力が高まっており、米国では小麦の生産過剰が問題となっていた。そのため、米国は日本に余剰小麦を輸出しようとする。その売り込み戦略として展開されたのが、悪名高き「洋食推進運動」である。

「日本人の食生活近代化」というスローガンのもとに、「栄養改善普及運動」や「粉食奨励運動」が日本各地で展開されることになった。これらはまさに、欧米型食生活を「崇拝」し、和食を「排斥」する運動だった。キッチンカーという調理台つきのバスが二十数台も用意され、それらが分担して都市部から農村部まで日本全国津々浦々を巡回し、パン食とフライパン料理などの試食会と講演会を行った。前述の『頭脳』の著者、林髞氏も、この講演会にしばしば呼ばれていた。

こうした宣伝活動によって、本来は洋食に反対する立場のはずの農家の人々までが洗脳され、欧米型食生活を崇拝するようになってしまった。

日本人のように、これほど短期間のうちに、伝統的な食文化を捨てた民族は、世界史上でもほとんど例がないという。それほど、この「洋食推進運動」は強烈なものだった。その結果、食のアメリカ化が一気に進み、学校給食でも、朝鮮戦争で余ったアメリカ産小麦のコッペパンと、牛ですら飲まない、半分腐ったような脱脂粉乳が出された。

筆者はその給食を食べて育った世代で、逆にそれがきっかけで、アメリカの食がイヤになった。しかし、日本全体としては、「宣伝」の効果によって、伝統的なコメ中心の食文化が一変してしまった。その結果、このころから、我が国ではコメ消費量の減少が始まった。消費量が減ると、コメの生産が過剰となり、水田の生産調整が行われはじめる。これをきっかけに、我が国の農業・農政が、国内で力を失っていったのである。

食料は武器であり、標的は日本

故宇沢弘文《うざわひろふみ》氏といえば、シカゴ大学などアメリカの大学で教鞭《きょうべん》をとり、「社会的共通資本」を提唱したことでも知られる、日本を代表する経済学者である。

その宇沢氏は、かつてアメリカの友人から、「米国の日本占領政策の二本柱は、①米国車を買わせる、②日本農業を米国農業と競争不能にして余剰農産物を買わせる」というものだと聞いたと述懐している。

その占領政策は、いまもなお続いている。それだけではなく、②に関してはより一層強化されているのではないだろうか。

一九七三年、当時のバッツ農務長官は、「日本を脅迫するのなら、食料輸出を止めればいい」と豪語したという。また、アメリカのウィスコンシン州は、農業が盛んな地域として知られているが、ウィスコンシン大学のある教授は、農家の子弟向けの講義において、次のような趣旨の発言を行ったという。

「食料は武器であり、標的は日本だ。直接食べる食料だけでなく、日本の畜産のエサ穀物を、アメリカが全部供給するように仕向ければ、アメリカは日本を完全にコントロールできる。これがうまくいけば、同じことを世界中に広げるのがアメリカの食料戦略となる。みなさんそのために頑張ってほしい」

このアメリカの国家戦略は戦後一貫して実行されてきた。それによって、日本人の「食」は、じわじわとアメリカに握られていったのである。

アメリカが行ったもう一つの「洗脳」政策がある。それが、「留学生教育」だ。

アメリカは世界中から留学生を受け入れ、シカゴ学派的な市場原理主義経済学を彼らに叩き込んでは、母国に返していった。東京大学経済学部では、アメリカで博士号を取り、現地で助教をつとめたくらいの人物でなければ、教員として採用されないくらいだったという。

そうした構造の中、アメリカで洗脳された人々が、日本に戻ってきては、一流大学で教えることで、市場原理主義の信奉者が増えていった。そうした人材が大企業や官庁の中にも入り込んで、徐々に力を持っていく。その結果、まるで寄生虫に頭を乗っ取られたカタツムリのように、日本政府がアメリカ流の新自由主義者たちに乗っ取られてしまい、規制改革が社会全体の利益になると信じ込ませておいて、実のところ米国の多国籍企業の利益のために働く日本人を増殖しようとアメリカは仕向けたのである。

「食料自給率一〇〇パーセント」は可能か

日本の食料自給率が低下してきたのは、こうしたアメリカの食料戦略の結果という面が大きい。第二次大戦後、食料難に苦しむ日本では、アメリカ産の農産物に対する強いニーズがあった。一方のアメリカでは、戦後、食料供給が過剰となり、余剰作物に悩んでいた。そのため、日本がアメリカの余剰在庫のはけ口として使われたのである。

戦後早い段階で、大豆、飼料用トウモロコシについては、実質的に関税撤廃がなされた。

また、小麦については、輸入割当制といって、輸入数量の上限を設ける制度が、形式上残ってはいたが、実際には大量の輸入を受け入れていた。そうした品目では、輸入の急増により、国内生産が加速度的に減少することになる。

小麦、大豆、飼料用トウモロコシの輸入依存度が、それぞれ八六パーセント、九四パーセント、一〇〇パーセントにも達しているのは、こうした経緯によって、貿易自由化が行われたことが理由である。

伝統的な日本社会では、食料は一〇〇パーセント自給できていた。そもそも「鎖国」が成り立っていたのは、食料を自給できていたからである。作家の石川英輔《いしかわえいすけ》氏の説によると、江戸時代の日本は、生活に使う物資やエネルギーのほぼすべてを植物資源でまかなっていたという。

鎖国政策によって、資源の輸出入がなかったため、日本ではさまざまな工夫により、再生可能な植物資源を活用する独自の循環型社会を築き上げた。植物は太陽エネルギーとCO2、土、水があれば成長する。その意味で、江戸時代の日本社会は太陽エネルギーに支えられていたとも言える。

この江戸時代の物質循環の仕組みは、当時日本を訪れたヨーロッパ人を驚嘆させたという。

リービッヒ（一八〇三―一八七三）は植物の生育に関する窒素・リン酸・カリウムの三要素説、リービッヒの最小律などを提唱し、化学肥料を生み出したことで、「農芸化学の父」とも呼ばれている。そのリービッヒは、スイス人のマロンが日本から帰国した際の報告に接し、「日本の農業の基本は、土壌から収穫物に持ち出した全植物栄養分を完全に償還することにある」と、きわめて的確に表現している。

昔の人は、「三里四方の食によれば病知《やまい》らず」と言っていた。三里とは約一二キロメートルだが、それほど身近な地域で栽培された野菜を食べていれば、健康で長生きできる、という意味である。

場所によっては「四里四方」「五里四方」などとも言われ、地域によって野菜の移動距離に違いがあったという。それくらい、日本では食と社会のあり方が一体化し、地場の食料を地産地消するシステムが機能していたと考えられる。

コメ中心の食生活がもたらす「一〇のメリット」

伝統社会にまで戻らなくても、コメ中心の食生活にするだけで日本の食料自給率を高めることができる。農水省『我が国の食料自給率（平成一八年度食料自給率レポート）』の六四ページには、日本人の食事を、洋風から、コメを主食とする和食に切り替えるだけで、日本の食料自給率は六三パーセントになるという試算が示されている。

コメ中心の食生活をもっと普及させることで、日本が抱える多くの課題を解決することができる。その「一〇のメリット」を、独立行政法人「農業環境技術研究所（二〇一六年四月より『国立研究開発法人農業・食品産業技術総合研究機構』）」発行の『農業と環境』（No．一〇六、二〇〇九年二月一日）が整理している。

まず一番目に、CO2排出量を低減できる。食料の輸送量×輸送距離を定量的に把握したものをフードマイレージというが、食料自給率が上がるということは、海外からの輸入が減り、フードマイレージが下がるということだ。そのため、食料を海外から輸送するための燃料が不要になり、CO2排出量が減る。

二番目に、国内のコメ消費量が増え、国内のコメ生産量も増えるので、水田稲作が活性化する。水田稲作は、少ない肥料で高い収量をあげられるため、環境にやさしい。日本が世界にもっと誇るべき農法なのである。

三番目に、コメ中心の和食は、健康にいい。世界中で和食の良さが高く評価されるようになっている。コメ中心の食生活は、日本人全体の心身を健全にし、QOL（生活の質）を高める。

四番目、和食によって、日本国民が健康になれば、生活習慣病が予防される。そうすると、日本全体で三〇兆円とも言われる医療費を削減することができる。

五番目、同じ土地に同じ作物を植え続けると、だんだんと正常に発育しなくなってくる。これを連作障害というが、水稲には連作障害がまったく起こらないという特徴がある。従って、農業をコメ中心とすると、収量が安定し、安定した食料供給を可能にする。

六番目、農家にとって、コメは持続的に収穫可能な、安定した農産物である。コメ中心の食生活によって、農業におけるコメの比率が増えれば、コメ農家経営の安定性が高まる。経営が安定することで、農業従事者はより自信を持ち、高いモチベーションを維持できるので、農業の質も向上する。

七番目、地方に行くほど、経済において農業が占めるウエイトが大きくなる。コメをはじめとする国産農産物の消費拡大は、地方経済を活性化し、地域格差の是正につながる。

八番目、山や森に降った雨は、土壌に少しずつ染み込み、地下水となってゆっくりと流れ出ていくことで、川などが急に増水し、洪水になるのを防ぐ効果を持つ。これを水源涵養《かんよう》というが、水田はこの水源涵養効果が高い。すなわち、水田稲作が活性化されれば洪水防止につながり、国土の保全および災害対策にもなる。異常気象が常態化し、毎年のように洪水被害が起きる日本において、必要な対策と言えるだろう。

九番目、水田には水質浄化機能がある。とくに、脱窒と呼ばれる、土壌中の窒素を大気へ放出する大変重要なメカニズムがある。水田稲作の振興は日本の水環境全体の保全につながる。

一〇番目、水田稲作は日本文化の礎であり、精神的な価値がある。景観の維持という面でも、水田稲作を継承し守り続けることの価値は、計り知れない。

有事には誰も助けてくれない

有事には一日三食イモになる、という農水省の予測については序章でも触れたが、実際に食料危機が勃発した場合、政府は本気で「イモを植えて凌《しの》ぐ」つもりのようだ。ただ、現状、日本の農家はイモばかり作っているわけではない。そのため、危機が勃発してから改めてイモを植えることになる。その際には、普通の畑だけではなく、小学校の校庭とか、ゴルフ場の芝生をはがしてイモを植えるという計画のようだ。とにかく日本中にイモを植えて、三食それで凌ぐという、まるで戦時中の再来のようなことが、農水省の『食料・農業・農村白書』に書いてあるのだ。

これが「有事の備え」とは、甚だ心もとない。

なぜ、こんな考え方がまかり通ってしまうのだろうか。その根底には、政府の食料自給率に対する考え方がある。いまの政府には、食料自給率を上げるつもりがない。むしろ、自給率はゼロでもいいので、その代わりに、「自給力」さえあればいいのだという。

つまり、いざという時に、ゴルフ場にイモを植えて、一時的に食料を増産可能な「自給力」さえあれば、危機にも十分対応できる、などと、勇ましいことを言う人が増えているのだ。

平時の食料自給率を上げるためには、農家を保護しなければならない。だが、農家を「過保護」にしてしまうと、一つ一つの農家は小規模で弱いままになってしまう。農業を「過保護」にして、食料自給率を上げたところで、非効率な農業が残ってしまうと弊害も大きい。そうなってしまうよりは、生産力のある強い農家が残っていって、かつ、食料危機も凌げるのが理想だ。政府はこのように考えているわけだ。

それもまた一つの考え方ではあるだろう。だが、その結果、「学校にイモを植えて凌ぐ」というのでは、大昔に返れと言うのと同じだ。食料安全保障の観点で、まともな政策と言えるだろうか。

別の問題もある。もし仮に、平時の自給率がゼロとなった場合、それは国内の農業が絶滅しているということである。その状態でいざ有事となっても、イモの増産すら、もはや容易なことではないだろう。農業が絶滅しているということは、農家もいなくなり、畑は荒れ果てている。イモの作付けを指導する人材も払底しているだろう。

それゆえ、この「自給力」さえあればいいという議論は、完全に破綻しているとしか筆者には思えない。

食料安全保障上の「有事」、すなわち日本にとっての食料危機とは、外国からの輸入が途絶えてしまう事態だと考えていいだろう。

これまで飽食の時代を過ごしてきた日本人にとって、食料危機と言われても、いまいちピンと来ないかもしれない。ただ、食料危機は、皆さんが考えておられるよりもはるかに容易に発生してしまうのだ。

ウクライナ戦争を見ればわかるように、紛争の発生は、食料輸入が途絶する直接的な要因となる。

また、紛争以外にも、輸入が途絶する事態は考えられる。

アメリカのバッツ元農務長官が、「日本を脅迫するのなら、食料輸出を止めればいい」と豪語した話については先に触れたが、日本が何らかの貿易戦争に巻き込まれ、一部の食料の対日輸出が止まる可能性は否定できない。

二〇一〇年、尖閣諸島沖で海上保安庁が中国漁船に体当たりされ、船長を逮捕したことがきっかけで、中国は日本向けレアアースの禁輸措置を取った。今後こうしたケースで、レアアースでなく食料を止められる可能性も、想定しておかなければならないだろう。

これは単なる絵空事ではない。実際ウクライナ戦争では、ロシアは小麦の輸出を止めて脅しをかけている。

また、ロシアとベラルーシは、肥料の原料となるカリウムの輸出も止めた。日本はカリウムをほぼ一〇〇パーセント輸入に依存しているが、その日本に対して、非常に効果的な脅しとなっている。

日本政府は早々と対ロシア制裁を決めたが、その報復として、食料や資源の禁輸措置を取られることを、十分検討していたのだろうか。対ロシア制裁によって、食料輸入が減ってしまう分、国内農業の拡大策を取らなければ、国民生活が危機に陥る危険性もある。しかし、政府は一向に自給率を向上させようとはしない。

これは、あまりにも無責任な政策ではないだろうか。アメリカやヨーロッパ諸国は、自国の食料をちゃんと確保したうえで、対ロシア制裁を行っている。一方、それを怠っている日本が、欧米諸国に追従しているのは、口だけ勇ましいことを言っているようにも見えてしまう。その結果、日本国民が飢えることになれば、本末転倒である。

いざという時に、日本人の食料が足りなくなっても、アメリカやヨーロッパが助けてくれるとは限らない。食料危機が発生すれば、アメリカもヨーロッパも、自国の食料確保が最優先となる。そんな状況で、日本にまわす分を確保してくれると思わないほうがいい。

二〇〇八年の世界食料危機の際も、世界各国は自国の消費を最優先にして、軒並み輸出停止に踏み切った。二〇二二年の現在、ウクライナ戦争を受けて、インドは小麦の輸出停止に踏み切っている。こうした動きが連鎖すると、日本への食料輸出が滞り、「有事」となる。日本にとって、食料危機は他人事ではまったくない。それどころか、食料自給率が低い日本は、世界で真っ先に飢える国の一つだということを、きちんと認識すべきである。

「食料はお金で買える」時代は終わった

なぜ、日本では食料自給率の問題を放置できるのか。その一つの答えは、「食料なんてお金を出せば買える」と思われているからだろう。

日本の食料自給率が低下し、「有事」には一日三食イモになるという日経新聞の記事については、先にも触れた。その記事中では筆者の意見も紹介されているが、それに対してある経済学者が、「自由貿易を推進して、調達先を増やすことが大事だ」というコメントを寄せていた。まるで、貿易自由化と食の安全保障が両立するとでも言わんばかりである。

「日本のように経済が発展し、生産コストが高い国は、農産物の生産はやめて他国から買うほうが、全体としては効率のいい分業になる。日本は他国の農産物をお金で買えばいい」

こう主張する人が一定数いるのだが、食料危機とは、まさに「お金で食料が買えなくなる」ことである。いまのように食料危機が叫ばれている中、「より貿易自由化を」と言うのは、まったく説得力をもたない。

そもそも、貿易を自由化すれば、国際分業はより進み、日本のような国では食料生産がどんどん減っていく。そのため、貿易自由化によって自給率が向上することは絶対にない。繰り返しになるが、日本の食料自給率を押し下げてきたのは、貿易自由化である。その貿易自由化を推進した結果、食料危機に非常に脆弱な国家が出来上がってしまった。それを、あろうことか、「もっと自由貿易を推進すればうまくいく」と言うのは、完全に論理が破綻している。

お金で食料を買えなくなったらどうするのか、という話をしているのに、お金で買えることを前提に議論されても、話にならないのである。

筆者に向かって、「ありもしない危機を煽るな」と批判する者もいる。しかし、危機が起こってからでは遅いので、平時から危機に備えるのが、安全保障というものだ。「危機を煽るな」というのは、「安全保障については考えるな」と言っているのとほとんど同義であろう。

「農業の収益性」を上げても危機は回避できない

一方、「日本の農業の収益性を高めることが必要」と言う人も一定数いる。たとえば、和牛肉のような高付加価値の商品を開発し、外国向けに輸出する一方、大豆やトウモロコシのような作物は輸入に頼る。そうすれば、日本の農業を維持しつつ、全体としては効率化できるはずだというのだ。

だが、こういう議論は、農業の実態をまったく踏まえていない。こうした高付加価値農業として、たとえばオランダの事例がある。オランダは、農地面積では日本の約四割ほどしかないが、農産物・食料品の輸出額ではアメリカに次いで世界二位につけている。つまり、オランダの農業は収益性が高いということである。

しかし、オランダの穀物自給率は、実は世界でも最も低い部類で、日本より低い。たしかにチューリップや野菜、畜産や加工食品の輸出が伸びているが、どれだけ輸出額が多かろうとも、「食料危機に脆弱」な構造であるのは間違いない。そのオランダ型の農業を日本の理想とするのは、いかがなものだろうか。

収益性の高い農業が、食料安全保障の観点では脆弱、ということはあり得る。たとえば、サクランボは高付加価値の作物なので、サクランボの生産を増やせば、輸出額も増えて、収益性が上がるという人がいる。しかし、サクランボの生産量ばかり増えても、我々は有事にサクランボだけ食べているわけにはいかない。

いざという時の食料確保のためには、カロリー源として、やはり穀物が重要である。そのため、大抵のEU諸国は、穀物自給率を一〇〇パーセント超くらいに維持している。むしろ、穀物自給率が低いオランダだけが、いびつな農業構造なのだ。そのオランダを真似するということは、日本も食料危機に弱い国になるということだ。

オランダの場合は、EUの仕組みの中にいるため、いざという時にも、他国から融通してもらえる可能性が高い。だが、日本は危機時に他国から食料を融通してもらえる可能性が低いため、オランダを真似してはいけない。

「食料自給率を上げたい人はバカ」の問題点

元2ちゃんねる管理人の方が、ツイッターに次のような投稿をしていた。

「『日本の食料自給率を上げたい』と言ってる人は頭の弱い人か利権絡みしか見たことが無いので、理由を聞くようにしてます。世の中には、おいらより頭のいい人が大勢いるはずなので、食料自給率を上げたほうがいいというのを論理的に説明出来る人が居たら教えてください」(https://twitter.com/hirox246/status/1472115924937367556)

この方に限らず、カロリーベースの食料自給率を議論しても意味がない、日本の生産額ベースの自給率は二〇二〇年度で六七パーセントあるのだから問題ない、といった議論もある。

しかし、頭が弱いのはどっちだ、と筆者はいいたい。食料危機をどうやって回避するかという話なのだから、生産額を議論しても仕方がない。カロリーベースで議論しないと、「日本人が飢餓に陥る可能性」が見えてこないからだ。たとえば、販売単価の高いいちごの生産量を増やし、それこそ海外に向けて輸出すれば、生産額は上昇するので、生産額ベースの自給率は上がる。だが、いちごはカロリーが低いため、カロリーベースの自給率は上昇しない。

産業としての農業を論じるうえで、生産額ベースの自給率は必要な指標ではあるが、食料危機をどうやって回避するかを論じている時に、生産額ベースで議論していても意味がないのである。

世界には、食料を輸入に頼るしかない国もある。シンガポールのような国がそれだ。シンガポールの場合、国土が極端に狭いなど、地理的な制約が大きい。ただ、そうした国でも、平時より備蓄をしておくなど、食料危機への取り組みはしている。

実際、シンガポールでも食料自給率の向上を目指しており、二〇三〇年の食料自給率を三〇パーセントに引き上げるという目標を掲げている。シンガポールですら食料自給率向上を図っているのだから、我が国の農業政策の異常さが際立つといえるだろう。

一方、日本は危機に備えるための食料備蓄すらしていない。そもそも、日本はシンガポールのように、国土が狭い国ではない。イギリスよりも広く、ドイツとほぼ同じくらいの面積がある。農地面積で言っても、農業輸出額世界二位のオランダの倍以上の農地を持っている。日本は食料を国内で作ることができるのだから、食料危機に備えて、いざという時に国民の命を守れるように、平時から備えておくべきだ。

食料自給率が約三七パーセントということは、大雑把に言って、いざという時に国民の約六割が餓死してしまう計算だ。自給率を上げなくてもいい、お金で買えばいいと言って、いざ食料危機になり、日本国民が飢えてしまったら、自給率向上を否定する論者はいったいどうするつもりなのだろうか。

第三章　日本人が知らない「危険な輸入食品」

台湾で「アメリカ産豚肉の輸入反対デモ」が起きたワケ

二〇二一年一二月一八日、台湾でアメリカ産豚肉を輸入禁止にするかどうかを問う国民投票が実施された。事前の予想では輸入禁止賛成が多数と見られていたが、アメリカ追従派の巻き返しもあり、否決されることになった。

台湾でアメリカ産豚肉の輸入禁止が議論された理由は、ラクトパミンにある。ラクトパミンとは、牛や豚などの飼料添加物として使われる化学物質で、興奮剤・成長促進剤としての効果がある。アメリカの養豚業者は、食肉処理場に出荷する前の数週間、豚の成長を早め、赤身肉を増やすために、このラクトパミンを与えているとされている。

しかし、ラクトパミンには人体への有害性があると懸念されている。ラクトパミンを使用した豚の肉や内臓を食べて、中毒症状を起こした事例が報告されているからだ。そのことは、日本の食品安全委員会も把握している。こうした危険性のために、ＥＵ、中国、ロシアでは、ラクトパミンの国内使用、輸入をともに禁止している。

日本ではラクトパミンの使用は認可されていないが、ラクトパミンを使用した食肉は、サンプル検査により残留基準を満たしているかチェックしたうえで、輸入されている。だが、残留基準がそもそも安全なものなのか、ごく少数のサンプル検査だけで危険性を把握できるのかは、本書でもすでに言及したように、大いに疑問が残る点だ。

ラクトパミンのコーデックス基準については、乳牛の成長ホルモンと同様に、投票で安全基準が決められている。つまり、米国企業などのロビー活動によって、本来必要な基準よりもゆるい安全基準が設定された可能性がある。これについて、厚労省から派遣されていた日本の専門家が疑問視していたことについても、先に触れた。

一方、台湾でも、長らくラクトパミンの国内使用、輸入をともに禁止してきた。だが、二〇一二年七月に、世界の安全性基準とされるコーデックス委員会による牛肉のラクトパミン最大残留基準（MRL, 0.01ppm）を採用しても、人の健康に危害を及ぼすリスクはないとして、牛の筋肉中のみ残留基準を設定する。しかし、この時点では、牛の内臓、豚肉、豚の内臓等は、ラクトパミンの残留を認めていなかった。

一方で、アメリカはラクトパミンを使用した豚肉の輸入を認めるよう、台湾に働きかけていた。その結果、台湾の蔡英文《さいえいぶん》政権は二〇二〇年に、アメリカ産豚肉の輸入解禁を決める。

中国が台湾への圧力を強める中、アメリカ政府との良好な関係を維持することが、台湾の安全保障上、必要不可欠になっている。そのため、国民投票によって、アメリカ産豚肉の輸入が禁止されれば、蔡政権にとって打撃となるはずだった。

このように、ラクトパミンの問題は、世界的な大論争を巻き起こしている。

こうした事実さえほとんど報道もされないまま、日本人はラクトパミンが使われたアメリカ産豚肉を食べている。

我々はそれほど、「食の安全」に無関心なのである。

「成長ホルモン牛肉」の処分地にされる日本

筆者があるセミナーに参加した際、開会のご挨拶で、「ヨーロッパでは米国の牛肉は食べずに、オーストラリアの牛肉を食べています」と紹介してくださったので、その後の筆者の話の中で、次のことを補足させていただいた。

「日本では、米国の肉も、オーストラリアの肉も、ホルモンフリー表示がない限り、同じくらいリスクがあります。オーストラリアは、成長ホルモン使用肉を輸入禁止にするEUに対しては、成長ホルモンを投与しない肉を輸出している。ただ、〝ザル〟となっている日本向けには、しっかり投与しています。このことは日本の所管官庁にも確認済みです」

成長ホルモンとは、牛や豚などの成長を促進する目的で使われる化学物質である。代表的な成長ホルモンには、女性ホルモンとしても有名なエストロゲンがある。このエストロゲンを、牛の耳にピアスのようなものをつけて、肥育時に投与することで、牛の成長を早めることができる。

ところが、このエストロゲンには乳がん細胞の増殖因子となる危険が指摘されており、日本国内では使用が認可されていない。だが、前述の通り、アメリカ産やオーストラリア産の輸入牛肉には使用されている。

ＥＵは、米国からの報復関税措置にも負けず、成長ホルモンが投与されたアメリカ産牛肉を禁輸している。そのため、最近では、アメリカのほうでも、ＥＵ向け牛肉は肥育時に成長ホルモンを投与しないようにして、輸出しようという動きもあるという。

アメリカやヨーロッパでは、こうした成長ホルモンを使用しない「ホルモンフリー」牛肉の需要が高まっている。ホルモンフリー牛肉は、通常の牛肉より四割ほど高価になるが、これを扱う高級スーパーや飲食店が急増しているという。

また、ニューヨークで暮らす日本人商社マンの話として、「アメリカでは牛肉に『オーガニック』とか『ホルモンフリー』と表示したものが売られていて、経済的に余裕のある人たちはそれを選んで買うのがもはや常識になっている」という。

一方、日本では、日米貿易協定が発効した二〇二〇年一月だけで、成長ホルモンを使用したアメリカ産牛肉輸入が前年同月比一・五倍に増えるなど、アメリカ産の成長ホルモン牛肉に飛びついている。アメリカやヨーロッパでホルモンフリー化が進む一方、本国で売れなくなった成長ホルモン牛肉は、日本に輸出して捌《さば》く、という構図が生まれている。

「輸入小麦は危険」の理由

アメリカの小麦農家は、収穫前に乾燥させるため、除草剤を小麦に散布している、という疑いがある。グリホサートは、発がん性の疑いが指摘されているほか、人間の体内に入ると、腸内細菌を殺してしまい、さまざまな疾患を誘発することも懸念されている（この指摘、懸念を否定する見解もある）。

グリホサートはもともと遺伝子組み換え（GM）作物とセットになった農薬だ。グリホサートに耐性を持ったGM作物は残して、それ以外の雑草を枯らす。また、遺伝子組み換えでない小麦の収穫前にグリホサートをかけて、乾燥させて収穫作業を楽にする、という使い方もある。

収穫してサイロに詰める際に、防カビ剤を噴霧しているという疑いもある。しかし、出荷前の穀物に農薬をかけると、より残留しやすくなる。ちなみに防カビ剤は日本では収穫後の散布が禁止されている。

だが、アメリカの農家では防カビ剤の収穫後（ポストハーベスト）散布を行っている。研修でアメリカに行った複数の日本の農家の証言では、「これは日本輸出用だからいいのだ」と言ってのけたという（この点については次のＹｏｕＴｕｂｅ動画を参照いただきたい。『第42回スタジオＺＲＷプライマリーニュース！』https://youtu.be/NTHz6HtTHg0）。

農水省が二〇一七年に行った調査によると、輸入小麦のうち、アメリカ産の九七パーセント、カナダ産の一〇〇パーセントからグリホサートが検出されている。また、農民連食品分析センターの検査によれば、日本で売られているほとんどの食パンからグリホサートが検出されている。ただ、当然ながら、「国産」「十勝産」「有機」の表示があったパンからは検出されなかった。日本では小麦の収穫前にグリホサートをかけたりはしない。

また、日本の国会議員らの毛髪から、輸入穀物由来と思われるグリホサートが高い確率で検出されたこともあった。その際の数値は低く、健康に問題のあるレベルではないという見解もあるが、グリホサートは内分泌撹乱物質であるため、微量でも人体の調節機能が壊されるという意見もある。

グリホサートは日本の農家も使用している。ただ、あくまで除草剤として使用しており、作物にかけるという使用法はしていない。そのため、通常なら日本人の体内には入ってこないはずなのだが、アメリカからの輸入穀物（小麦やGM大豆、GMコーン）に残留するグリホサートを、日本人は摂取してしまっているのだ。

このグリホサートへの懸念の声は、世界中で高まっている。アルゼンチン、オーストラリア、ブラジル、ベルギー、カナダ、デンマーク、イギリス、ルクセンブルク、バミューダ、マルタ、オランダ、ポルトガル、スコットランド、スロベニア、スペイン、スイス、インドなどで、グリホサートへの規制が強化される方向にある。当のアメリカでさえ、二〇二三年より消費者向け販売を停止することになっている。

一方、日本ではむしろグリホサートの規制を緩和している。二〇一七年、日本政府はアメリカの要請によって、日本人のグリホサート摂取限界値を、小麦で従来の六倍、そばで一五〇倍にも緩和している。

日本政府は、日本人の健康を守るための基準を、アメリカの意向で変えているのだろうか。

「日米レモン戦争」とポストハーベスト農薬の真実

一方、ジャガイモについても、量と質の両面において、安全への懸念が生まれている。アメリカではジャガイモシストセンチュウという害虫が発生しており、アメリカ産の生鮮ジャガイモは、日本への輸入が禁止されていた。しかし、例によって日本政府は、アメリカからの「要請」に応じる。

二〇〇六年、ポテトチップ加工用に限定し、かつ、輸入期間を二月~七月に限定して、アメリカ産の生鮮ジャガイモ輸入を認めた。これは限定的な輸入だったが、二〇二〇年二月に、農水省は、米国産のポテトチップ加工用生鮮ジャガイモの「通年輸入」を認める規制緩和を行う。さらに、アメリカの要求を受けて、ポテトチップ加工用という制限を外し、生食用ジャガイモの全面輸入解禁に向けて、協議を始めることにまで合意している。もちろん、「協議を始める」は「近々解禁する」と同義であろう。

加えて、ジャガイモ用の農薬についても、規制緩和が行われた。二〇二〇年六月、厚労省は、ポストハーベスト農薬として、動物実験で発がん性や神経毒性が指摘されている殺菌剤ジフェノコナゾールを、生鮮ジャガイモの防カビ剤として食品添加物に指定した。あわせてジフェノコナゾールの残留基準値を改定し、これまでの〇・二ppmを四ppmと、二〇倍に緩和している。

日本では収穫後の農薬散布はできない。だが、アメリカからジャガイモを輸送するために、防カビ剤の散布が必要になる。それゆえに、ジフェノコナゾールを食品添加物に指定することで、ジャガイモへの収穫後の農薬散布を可能にした、ということだ。

これと同様のことが、過去にも行われたことがある。いわゆる「日米レモン戦争」である。一九七〇年代、アメリカから輸入していたレモンなどの柑橘《かんきつ》類から、オルトフェニルフェノールとかチアベンダゾールといった防カビ剤が検出された。これらは、膀胱《ぼうこう》がんや腎障害の原因になるとして、日本では禁止されていた。そのため、これが検出されたアメリカ産レモンを海洋投棄し、アメリカに対して使用禁止を求めたのだ。

だがアメリカはこれに激怒し、日本からの自動車輸入を制限すると脅した。日本政府は慌ててレモンへの防カビ剤は食品添加物であるとして、輸入を認めることにしたのである。「農薬として使用が禁止されている薬物が、収穫後に使用すれば食品添加物であるため使用できる」というのは、あまりにウルトラCであり、苦しい言い訳に過ぎない。

ジャガイモへの防カビ剤を食品添加物に指定したのは、これと同じことに過ぎない。

ポテトチップスに使われる「遺伝子組み換えジャガイモ」

さらに、もう一つの懸念事項がある。食品安全委員会は、二〇一七年に、米国シンプロット社が開発した遺伝子組み換えジャガイモを承認した。この遺伝子組み換えジャガイモは、RNA干渉法という遺伝子操作で作られたものだ。

通常、ジャガイモを高温で加熱調理すると、発がん性物質であるアクリルアミドが生じるが、遺伝子組み換えジャガイモは、このアクリルアミドの発生を低減するほか、打ち身で起きる黒ずみも低減されるという。

また、食品安全委員会は、二〇一九年にも新たな品種の遺伝子組み換えジャガイモを承認している。二〇二一年には、低アクリルアミドとともに、疫病抵抗性を付加した二品種が安全と評価された。

ちなみにRNA干渉法とは、RNAを用いて、遺伝子の働きを止める技術である。

ただ、遺伝子操作の際に、目的とする遺伝子の働きを止める以外に、別の遺伝子の働きをも止めてしまう可能性があり、さまざまな生物に劣化などの問題を引き起こしかねない、という指摘がある。

アメリカでは、すでにシンプロット社が開発した遺伝子組み換えジャガイモが広く流通している。このシンプロット社は、米国マクドナルドのジャガイモ納入業者でもある。

米国マクドナルドは消費者の遺伝子組み換えジャガイモへの拒否感を背景に、この遺伝子組み換えジャガイモを取り扱わないと表明している。しかし、この遺伝子組み換えジャガイモが、日本のポテトチップスや、ファーストフード店などのフライドポテト等に使われる可能性が指摘されている。

外食産業でこの遺伝子組み換えジャガイモが利用されていても、日本では、遺伝子組み換え表示の義務がない。従って、消費者は遺伝子組み換えジャガイモであると気づかないまま、食べてしまっている可能性がある。外食では遺伝子組み換え食品を選択的に避けることができないのだ。

現状、国内メーカーや外食チェーンで採用する動きはない。「遺伝子組み換え食品いらない！キャンペーン」が公開質問状を送ったところ、ポテトチップスメーカーや多くの大手外食チェーンは、遺伝子組み換えジャガイモを使うつもりはないと回答している。とはいえ、今後どこかで使われる可能性は当然あるだろう。

もちろん、アメリカで加工されたフライドポテトは日本に入ってきている。二〇二一年四月から、日米貿易協定に基づき、冷凍フライドポテトの関税撤廃が行われた。こうした加工食品の原料として、遺伝子組み換えジャガイモが使われている可能性がある。

このように、ジャガイモの安全性は、量と質の両面で崩されてきている。日本の食品輸入規制の緩和は随時進められていることに注意しなくてはならない。

ジャガイモについては、これまで長いあいだ、輸入を迫るアメリカとの間で、攻防が繰り広げられてきた。筆者としては、むしろ、ここまでよく踏みとどまってきた、という感すらある。ある農水省ＯＢからは「歴代の植物防疫課長の中で、ジャガイモ問題で頑張った方が、左遷されたのを見てきた」という話を聞いたことがある。

ジャガイモが持ちこたえられたのは、我が身を犠牲にしても、食の安全を守ろうとした人たちのおかげでもある。しかし、残念ながら、米国の要求リストを拒否するという選択肢は、日本には残されていないかのようだ。要求リストの中から、今年応じるものを選ぶだけ、いわばアメリカに差し出す順番を考えるだけで、ズルズルなし崩し的に要求に応じる外交が続けられている。そんな外交を続けていては、国民生活が持たないだろう。

輸入食品の危険性は報じられない

日本の大手マスコミは、リスクのある問題については、なかなか報道できない。スポンサー企業の不利になるような食品の安全性に関わる話題に触れるのは相当勇気がいることで、普通は無理である。

筆者などが食の安全に関する記事を出すと、農薬関連の農薬工業会などから、かなり高い確率でクレームが来る。記事だけでなく、筆者の本に対しても、刊行した出版社や書評を書いてくれた人のところに、そういう団体から内容に関するクレームが届けられる。

グリホサートが食塩より安全だという珍説を唱える学者もいる。いわく、食塩の致死量のほうが、グリホサートの致死量よりも少ないので、グリホサートは安全、むしろ食塩のほうが危険なのだそうだ。

農薬は、農業の効率化に大きく貢献してきたものだが、普通、人間は農薬を摂取してはならない。人体にとっての致死量うんぬんではなく、安全のためには摂取しないにこしたことはない。人間にとって必須の栄養素である食塩と比較すること自体がナンセンスであり、学者の良心も問われている。

世界を震撼させた「モンサントペーパー」

食の安全について、日本の消費者はもっと真剣に考え、闘うべきではないだろうか。

EUは、農薬などについてかなり厳しい基準を持っているが、それはもともと、EUの消費者が、さまざまな運動を展開して、食の安全を要求したことによる。

その最大の契機となったのは、グリホサートをめぐる裁判だった。二〇一八年八月、アメリカのカリフォルニア州の裁判所が、グリホサートが発がん性を持っていることを正式に認め、販売するバイエル社（モンサント社を二〇一八年に買収）は、三二〇億円の損害賠償を命じられた。

しかし、バイエル社にとって本当の意味で打撃となったのは、巨額の賠償金ではなかった。この裁判の過程で、裁判所に二〇〇〇万ページにも及ぶ、旧モンサント社の内部文書が提出された。これが、いわゆる「モンサントペーパー」である。この「モンサントペーパー」によって、グリホサートの開発初期段階から、発がん性などの危険性があることを、モンサント社が認識していたことや、規制当局と口裏合わせをしていることが明らかになった。

ＥＵの消費者は、企業と規制当局は癒着するものだと理解している。そのため、規制当局が定める安全基準など信用できない、というのが、彼らの考え方だ。

アメリカは「科学主義」で、科学的手法で安全を確認できていれば、たとえ死者が出ようとも、死亡との因果関係が特定できるまでは、規制は不要だと主張する。だが、規制当局と企業が癒着している以上、「科学的手法で安全を確認した」こと自体が疑わしい。それが「モンサントペーパー」の教訓である。

食の安全については、「予防原則」に基づいて、疑わしいものは規制すべきなのである。少なくとも、ＥＵではそうした消費者の運動が盛り上がり、政府に厳しい安全基準を認めさせたのだ。それを考えると、日本の消費者は、もっと食の安全に自覚的にならなければならないだろう。

日本でも食の安全に対する関心は年々高まっている。だが、まだまだオーガニック食品などを「金持ちの道楽」のように、斜に構えて見ている向きも多いのではないか。その間に、日本の食の安全はどんどん失われている。農水省が、日本の農薬基準は世界の中でどの程度の水準かを調べたところ、ほとんどの国より基準が緩いことが分かったという。しかも、日本では、農薬としての使用を禁止されている薬物が、非常に少ないという。

一方で、世界は農薬基準の厳格化に向かっている。タイなどは、ＥＵ向けに食品を輸出するために、国内の農薬基準も、ＥＵ並みに厳しくしている。その結果、日本の青森のリンゴをタイに輸出しようとしても、タイの基準に引っかかってしまうため、輸出できないという事態になっている。

日本の「安全神話」は崩壊しつつあるのだ。

「遺伝子組み換え表示」が実質的に無理になったワケ

しかも、日本では、自分自身で食の安全をたしかめる手段さえ、失われつつある。二〇二二年三月、消費者庁は食品添加物の不使用表示に関するガイドラインを公表したが、それにより、「無添加」「不使用」と表示するためのルールが厳格化された。このため、今後は食品のパッケージ等に「無添加」などと表示しづらくなってしまった。

報道によると、消費者庁は、添加物が入った食品の安全性が疑われかねないと問題視したというが、まったくもって本末転倒な話だ。

ちなみに、遺伝子組み換え食品についても、食品表示のルールが変更される。これまでは、「分別生産流通管理をして、意図せざる混入を五パーセント以下に抑えている」場合なら、「遺伝子組み換えでない」と表示できた。だが、二〇二三年より、「遺伝子組み換えでない」と表示するためには、「分別生産流通管理をして、遺伝子組み換えの混入がない（不検出）と認められる」場合に限られることになる。

一見、ルールが厳格化されるのは良いことのようにも思える。だが、現実問題として、輸入される穀物に、遺伝子組み換え作物がいっさい混じっていないと断言するのは困難である。そのため、ルール変更によって、国内の食品のほとんどは、「遺伝子組み換えでない」と表示できなくなる。すると、どうなるか。

「遺伝子組み換え作物をたくさん使った食品」と、「遺伝子組み換え作物を基本的に使っていない食品」を、食品表示によって見分けることが不可能になるのだ。つまり、このルール変更は、実質的に、遺伝子組み換え作物を作っている多国籍企業の利益を増すことになる。

実際、このルール変更を要求していたのは、当の多国籍企業だとも言われている。

表示の無効化に負けなかったアメリカの消費者

乳牛に注射するボバインソマトトロピンという薬剤がある。「ｒＢＧＨ」（牛成長ホルモン）または「ｒＢＳＴ」とも呼ばれる。遺伝子組み換えによって開発された成長ホルモンの一種だが、これを牛に投与すると、牛乳の出が良くなり、収量が二〇パーセントも増加する。しかし、薬品によって無理矢理牛乳を搾ることになり、当の乳牛は疲弊して、数年で用済みになってしまう。しかも、γＢＧＨを投与した牛の牛乳では、インシュリン様成長因子（ＩＧＦ－１）が増加することがわかっている。

一九九六年、アメリカのがん予防協議会議長のイリノイ大学教授は、ＩＧＦ－１の大量摂取による発がんリスクを指摘した。また、一九九八年にも科学誌の『サイエンス』と『ランセット』に、ＩＧＦ－１の血中濃度の高い男性の前立腺がんの発現率が四倍、ＩＧＦ－１の血中濃度の高い女性の乳がんの発症率が七倍という論文が発表されている。ちなみにこのγＢＧＨだが、日本では牛への投与が禁止されているものの、γＢＧＨを使用したアメリカの乳製品は、日本に輸入され、消費されている。

当のアメリカ国民も、γＢＧＨの使用に反対する行動を起こしている。アメリカの消費者は、乳製品にγＢＧＨが使われているかどうか表示することを求めた。だが、先に見たように日本において遺伝子組み換え作物などの表示が実質的に無効にされてしまったように、多国籍企業と規制当局が結託して、γＢＧＨの表示を実質無効にしてしまった。

しかし、アメリカの消費者が、γＢＧＨを使っていない生産者と協力して、γＢＧＨを使っている乳製品を排除するための大運動を始める。その運動の結果、ウォルマートや、ダノン、スターバックスといった企業が、γＢＧＨを使用した乳製品の排除を表明することになった。

つまり、日本政府が多国籍企業と結託しようが、消費者が拒否すれば、危険な食品を排除することはできるのである。

とはいえ、残念ながら日本の消費者の意識は、まだまだ低いのではないか。成長ホルモンであるエストロゲンを使った牛肉の危険性についてはすでに述べたが、世界中でホルモンフリー牛肉のニーズが高まっている中、日本では議論すらされていないのが現実である。

それどころか、日米貿易協定が二〇二〇年に発効し、アメリカ産牛肉の関税が大幅に引き下げられると、その最初の一ヵ月のあいだに、成長ホルモンをたっぷり使用したアメリカ産牛肉の、日本における輸入額が一・五倍にもなったという。

食の安全を守るのは、一人一人の消費者自身だということを、日本人は肝に銘じなければならない。

第四章　食料危機は「人災」で起こる

る。

世界中で「土」が失われている

いま、世界では、異常気象による洪水や渇水により、農業生産に大きな被害が生じている。

だが、それにも、実は人災という側面がある。

一九四〇年代から六〇年代にかけて、いわゆる「緑の革命」が起こった。化学肥料の大量使用と、品種改良、農機具の機械化によって、穀物生産量が大幅に伸びたのだ。世界から飢餓を減らしたという点で、この「緑の革命」には意義があった。だが一方、その弊害も顕著になってきている。

土にはたくさんの微生物がおり、その微生物を中心とした生態系がある。しかし、近代農業の普及により、化学肥料や農薬が多用されたことで、土壌の中の微生物が減少し、土の中の生態系が破壊されつつある。土の中の微生物が死滅してしまうと、生態系が崩れ、土壌の保水力が失われる。「ぱさぱさ」になった土は、少しの雨でも、簡単に流出してしまう。近年、大雨による洪水被害が拡大している背景には、こうした土壌の劣化問題があるとも言われている。

いま、世界中で「土」が失われつつある。国連FAOの発表によると、世界の三分の一の表土は、すでに喪失しているという。また、いまも五秒ごとに、サッカー場程度の土が流出しており、二〇五〇年には世界の九〇パーセント以上の土壌が劣化してしまうという（東京大学非常勤講師の印鑰《いんやく》智哉《ともや》氏の資料による）。

土壌の微生物は、植物が育つうえで、非常に大きな役割を果たしている。植物は太陽の光を受けて炭水化物を作り出す、いわゆる光合成を行っているが、この光合成で作られた炭水化物の約四割は、実は土壌の中に放出されている。この炭水化物が土壌に微生物を呼び込み、その微生物がもたらすミネラルによって、植物は成長することができる。

健全な土壌においては、微生物と植物が、こうした共生関係を結び、互いに助け合って生きているのである。

土壌の中の微生物が果たす役割はほかにもある。

植物の根には、菌根菌《きんこんきん》と呼ばれる微生物が付着している。この菌根菌は、植物の根から炭水化物やアミノ酸を吸収し、窒素やリンなどの栄養分を、植物に供給している。化学肥料の多用によって、土壌の中の微生物が減ってしまうと、このシステムが崩れて、植物の根が張らなくなってしまう。本来、植物の根がしっかり張っていれば、少しの水でも植物がしっかり吸収してくれる。だが、植物の根が張らなくなると、土から水を吸収する力が弱くなる。そのため、現代農業では、以前よりも大量に水をまかなければならなくなっている。かつてよりも多くの水が必要になっており、その分、気候変動による渇水に弱くなっている。

現代農業では、大量の水を確保するために、大規模な灌漑《かんがい》設備の整備が必要だ。だが、前述の通り、世界の淡水の量には限りがあるため、農業で大量の水を使っていれば、水不足が悪化してしまう。実際、アメリカのカリフォルニアなどでは水不足が深刻化しており、これ以上農業生産を拡大するのは難しくなってきている。

化学肥料農業を脅かす「リン枯渇問題」と「窒素問題」

枯渇しつつあるのは、水資源だけではない。化学肥料の原料となるのは、リンやカリウムであるが、それらはそれぞれ、リン鉱石、カリウム鉱石の形で採掘されている。だが、そのリン鉱石が、あと三〇年から数十年で枯渇するという説もある。そうなると、そもそも化学肥料そのものを作ることができなくなる。

窒素もまた、化学肥料には欠かせない成分である。ただ、自然界で必要としている窒素の量には限りがある。それにより、化学肥料などによって、過剰な量の窒素が環境に与えられると、さまざまな弊害が発生する。窒素自体は、空気中や土の中に存在しているが、そのままの状態だと、植物は窒素を取り込むことができない。それゆえ、通常は土の中の微生物の働きによって、アンモニア態窒素や、硝酸態窒素に変化したものを取り込んでいる。しかし、化学肥料として、この硝酸態窒素を大量に与えると、作物の中に硝酸態窒素が残留してしまう。

この硝酸態窒素は、人体に入ると、還元されて亜硝酸態窒素に変わり、メトヘモグロビン血症を発症する原因となる可能性や、ニトロソ化合物という発がん性物質に変化する可能性が指摘されている。

日本では、牛が硝酸態窒素の多い牧草を食べ、「ポックリ病」を発症し、年間一〇〇頭程度死亡しているという（西尾道徳『農業と環境汚染』農山漁村文化協会、二〇〇五年）。また、乳児が硝酸態窒素を摂取しすぎると、酸欠症状を呈し、顔が紫色になって息絶えてしまう、「ブルーベビー症候群（メトヘモグロビン血症）」という症状も報告されている。日本では、乳児に離乳食を与えるのが遅い（欧米より高い年齢で与える）ため、仮に硝酸態窒素の多いホウレンソウの裏ごしなどを食べさせても、酸欠症状には至らないとされてきた。だが、水に硝酸態窒素が含まれていたのが原因で、酸欠症になった事例もあるため、今後は注

図表④　コメ関税撤廃の経済厚生・自給率・環境指標への影響試算

変数		現状	コメ関税撤廃
日本	消費者利益の変化（億円）	—	21,153.8
	生産者利益の変化（億円）	—	−10,201.6
	政府収入の変化（億円）	—	−988.3
	総利益の変化（億円）	—	9,963.9
	コメ自給率（％）	95.4	1.4
	バーチャル・ウォーター（立方km）	1.5	33.3
	農地の窒素受入限界量（千トン）	1,237.3	825.8
	環境への食料由来窒素供給量（千トン）	2,379.0	2,198.8
	窒素総供給／農地受入限界比率（％）	192.3	266.3
	カブトエビ（億匹）	44.6	0.7
	オタマジャクシ（億匹）	389.9	5.8
	アキアカネ（億匹）	3.7	0.1
世界計	フード・マイレージ（ポイント）	457.1	4,790.6

注：筆者の試算による。

意が必要である。

環境における窒素の過剰率を見る指標として、「窒素総供給／農地受入限界」比率（日本の農地が正常に循環可能な形で受け入れられる窒素の限界量に対する実際に環境に供給されている食料由来の窒素量の割合）というものがある。

日本の「窒素総供給／農地受入限界」比率は、現状一九二・三、つまり自然界が受け入れ可能な量の、実に一・九倍にも達している。日本の農業が次第に縮小し、農地・草地が減って、窒素を循環させる機能が低下している。

その一方、日本は海外から大量の農産物を輸入しており、いわば国内農地の三倍もの農地を、海外に借りているようなものだ。その海外に借りた農地から、窒素などの栄養分だけを輸入しているため、日本の農業で循環し切れない窒素（硝酸態窒素）が、日本国内の環境にどんどん溜まっている。

もし、コメの関税が撤廃され、水田が崩壊すれば、「窒素総供給／農地受入限界」比率が約二・七倍にまで高まると、筆者らは試算している。

農薬が効かない「耐性雑草」の恐ろしさ

農薬や化学肥料を使うことで、近年問題になっていることがある。前述のグリホサートは、遺伝子組み換えによって、耐性を獲得した作物以外を枯らす農薬である。だが、そのグリホサートをかけても、枯れない雑草が出現してきている。

アメリカのオーガニックセンターが二〇〇九年に報告した内容によると、グリホサートに対する耐性を持った雑草が出現したことで、二〇〇八年には、通常作物より遺伝子組み換え作物のほうが二七パーセントも多くコストがかかっているという。また遺伝子組み換え作物の収穫量が、期待されたよりは少なく、耐性雑草の除去も難しいため、通常作物の需要が増えているとも言われている。

グリホサートなどの農薬は、環境中の微生物を殺す「抗生物質」としての側面を持つ。とはいえ、抗生物質を濫用すれば、耐性を持った菌が生まれてしまう。とくに畜産では、家畜の病気を予防するため抗生物質が使われているが、アメリカの抗生物質の八〇パーセントは、ファクトリー・ファーミングと呼ばれる工場型畜産で使用されているという（前出・印鑰智哉氏の資料より）。こうした工場から、抗生物質が効かない、危険な細菌が生まれる可能性も否定できない。

薬剤耐性（AMR）菌の問題は、年々深刻化している。二〇一三年には、AMRに起因する世界の死亡者数が、低く見積もっても七〇万人を突破したという。二〇一九年には世界で約五〇〇万人がAMRによって死亡したという研究もある。また、我が国では年間約八〇〇〇人が死亡していると、国立国際医療研究センター病院AMR臨床リファレンスセンターが公表している。

現状のまま、薬剤耐性菌が増加し続けた場合、二〇五〇年には約一〇〇〇万人が死亡するという予測もある。

世界に広がる「デッドゾーン」

化学肥料の大量使用により、もう一つ別の問題も発生している。いわゆるデッドゾーンの問題である（以下、印鑰智哉氏の資料、ＮＨＫスペシャル「二〇三〇　未来への分岐点」などを基にしている）。

大量の化学肥料を使用すると、リン、窒素などが大量に含まれた排水が、海へ流れ込むことになる。こうした過剰に栄養分のある海水によって、藻類など海中の植物プランクトンが大量に発生すると、海が緑色に変色してしまう。その植物プランクトンが死ぬと、バクテリアによる分解が始まるが、その過程で大量の酸素が消費される。そのため、その海域全体が酸欠状態となり、生物が住めなくなってしまうのだ。

これがデッドゾーンと呼ばれる現象であり、いまでは衛星画像などで、世界中の海にデッドゾーンができていることが確認されている。

とくに巨大なデッドゾーンとなっているのが、メキシコ湾だ。アメリカ中西部の大規模穀倉地帯で大量に使用される化学肥料が、メキシコ湾に流れ込むことによって、毎年のように巨大なデッドゾーンが発生している。

このデッドゾーンを悪化させているのが、工場型畜産(ファクトリー・ファーミング)である。化学肥料を使って栽培した飼料を大量に与え、また抗生物質や成長ホルモンを投与する、工場的な畜産が行われているが、飼料栽培のための化学肥料が溶け込んだ排水によって、デッドゾーンが生み出されている。

家畜の排泄物もまた、海中の植物プランクトンを増加させる、過剰な栄養分となるため、デッドゾーンを深刻化させてしまう。そもそも、家畜はエサとして大量の穀物を消費する。そのエサの栽培のために、森林を伐採し、農地を拡大したことによって、大気汚染が深刻化している。加えて、「家畜工場」で大量に飼育されている家畜が、メタンガスやCO2といった温室効果ガスを排出することも問題である。

多国籍企業が推進する「第二の緑の革命」

一九四〇年代から六〇年代にかけて起こった「緑の革命」によって、世界中で化学肥料と農薬を使用する農業が普及した。それによって、世界の農業生産が拡大した一方、農薬企業が肥大化する。なかでも、一九七〇年代にグリホサート(商品名ラウンドアップ)を開発し、世界中に販売していたモンサント社は、飛躍的な成長を遂げることになった。

しかし、そのグリホサートも、二〇〇〇年に特許が失効してしまった。特許が失効すれば、モンサント社が独占的に利益を得ることができなくなる。そのため、モンサント社は、農業生産者に、グリホサートの排他的契約を結ばせるために、遺伝子組み換え作物を開発したのである（前出・印鑰氏の資料より）。

つまり、前述の通り、グリホサートに耐性を持った遺伝子組み換え作物を開発し、グリホサートをまけば、雑草はすべて枯れて、遺伝子組み換え作物だけが残るという農法を提案したのである。

いま、世界では、遺伝子組み換え作物などを活用する「第二の緑の革命」の必要性が叫ばれている。アフリカ諸国など、まだまだ世界では農業生産量の増加が必要とされていることが、その理由となっている。

だが、「第二の緑の革命」として、遺伝子組み換え作物や、ゲノム編集作物の活用が叫ばれているのは、そうした作物を開発・販売する多国籍企業の利益になるから、という面があるのを忘れてはならない。

農業は、いわゆるバイオメジャーによる寡占化が進んでいる。世界の種子市場の約七割弱、世界の農薬市場の約八割を、たった四社で独占している。つまり、バイオメジャーの種と農薬を買わなければ、農業ができない時代になりつつある。

農家が自家採種して次の年に植えることが許されていると、種が売れなくなってしまう。だから、農家の自家採種の権利を奪うことが必要になる。我が国でも、二〇二〇年に成立した改正種苗法によって自家採種が制限されてしまった。

「アメリカだけが利益を得られる仕組み」が食料危機をもたらす

アメリカは、自国の農業には手厚い補助金による支援を行っているが、貿易相手国に対しては徹底的な規制緩和を要求する。アメリカはそれを自由貿易とか、「level the playing field（対等な競争条件を保つ）」などと言っているが、実態は「圧力によって関税を撤廃させ、相手国の農業を、補助金漬けのアメリカ産作物で駆逐」しているだけだ。つまり、「アメリカだけが自由に利益を得られる仕組み」を要求しているに過ぎない。

こうしたアメリカの食料戦略が、世界に食料危機をもたらしている。

ハイチは、一九九五年に、ＩＭＦから融資を受けるための条件として、アメリカから輸入するコメへの関税を三パーセントにまで引き下げることを約束させられた。その結果、ハイチのコメ生産が大幅に減少し、コメを輸入に頼る構造になっていた。そこに二〇〇八年の世界食料危機が直撃、コメの輸出規制が行われ、ハイチはコメの不足により、死者を出す事態となった。この時にはフィリピンでも死者が出ている。

つまり、アメリカの勝手な都合で押しつけられた仕組みが、世界の人々の命を振り回しているのだ。アメリカは貧困を削減するという名目で融資を行う見返りに、徹底した規制緩和を要求し、現地においてコーヒーなどのプランテーションを拡大し、現地農民から収奪を行って、むしろ貧困を増幅してさえいる。それが一番徹底されたのがアフリカ諸国であり、もしまた世界食料危機が発生すれば、アフリカで飢餓が発生する可能性は高い。

こうした仕組みを指摘し、そもそも規制緩和こそが食料危機の原因だと批判すると、IMFや世界銀行は、むしろ規制の撤廃がまだまだ足りないのだと反論してくる。

アメリカは、「食料なら安く売ってあげるから、非効率な農業を続けるのはやめたほうがいい」と言って、世界中で農産物の貿易自由化を進めてきた。それによって、基礎食料を生産する国が減ってしまい、世界全体が、アメリカを始めとする少数の食料供給国に依存するようになってしまった。

そのため、紛争などの要因により食料需給にショックが発生すれば、途端に食料の不足が発生し、それは食料価格上昇に直結してしまう。そうなると、将来の高値を期待して投機マネーが流入し、ますます食料価格が高騰する。すると、不安心理が増大し、輸出規制に踏み切る国が出始め、より一層の価格高騰が起きてしまう。

二〇〇八年の世界食料危機は、こうしたプロセスにより悪化した。

まさに、食料危機は人災なのである。

「牛乳余り問題」という人災

日本において「食料危機は人災」を象徴する事例を、酪農をめぐる問題に見ることができる。近年、日本の酪農業では、都府県における生産減少が続く一方、北海道での増産によって、生乳の供給をなんとか維持してきた。牛乳余りどころか、ずっと不足が続いていたのである。

その状況下で、農水省は「畜産クラスター事業」を推進し、生産性の向上と供給量の増加を図る。「畜産クラスター事業」とは、酪農・畜産の生産基盤強化や、収益力の向上のために、補助金を交付する事業のことだ。機械や設備の導入時の本体価額（税抜）の二分の一が補助金として援助され、必要経費等を引いても実質四〇パーセントオフとなる。

この制度によって酪農家の借金は増えたが、生乳生産量は伸びた。だが、コロナ禍が発生し、自粛などによって生乳需要が減少したことで、乳業メーカーの乳製品在庫が積み上がってしまった。二〇二一年になると、学校給食が止まる冬休み期間に、生乳の処理能力がパンクし、大量の生乳が廃棄される懸念すら生じた。政府が「牛乳を飲もう」と呼びかけ、関係者が全力で牛乳需要の「創出」に奔走した結果、なんとか大量廃棄は回避できた。

関係者の努力には敬意を表するが、これを美談として扱ってはいけない。

もともと、牛乳余りが生じたのは、政府による畜産クラスター事業によって、生産量が増えたことが原因の一つである。政府は、単に牛乳の生産量を増やすだけではなく、「出口」となる牛乳需要の創出も同時に行うべきだった。コロナ禍という予想外の事態が発生し、牛乳余りが生じたなら、政府が買い上げれば良かったのである。

だが、政府は牛乳の買い上げはせず、代わりに酪農家に対して、「牛乳を搾るな」「牛を処分すれば一頭あたり五万円支払う」などという通達を出している。政府の指示で「牛乳を増産するためなら補助金を出す」としておきながら、手のひらを返して「牛乳を搾るな、牛を殺せ」と言うのは、あまりにも無責任ではないだろうか。

しかも、畜産クラスター事業はまだ続けられている。この矛盾を、政府はどのように説明するのだろうか。

「買いたくても買えない」人には人道支援を

コメや生乳の過剰在庫が報じられる一方、「買いたくても買えない」人がいるという点も忘れてはならない。

コロナ禍よりずっと前から、日本は先進国で唯一、二〇年以上も実質賃金が下がり続けている。その中で、コメ余り、牛乳余りが起きているのは、所得が減ったせいで、「買いたくても買えない」ことが、その一因であると考えられる。つまり、コメ余り、牛乳余りどころか、むしろ足りていないのである。

コロナ禍で牛乳やコメが余ると言うなら、そのコメや牛乳を政府が買い上げ、生活が苦しく、満足に食べられない人たちに配れば良かったのである。国が買い上げれば、在庫を抱えた農家も助かる。それを、フードバンクや子ども食堂などを通じて困窮世帯に配れば、非常に有効な人道支援となる。しかし、政府はこうした政策を、意固地になって拒否し続けている。

「コメは備蓄用の一二〇万トン以上は買わないと決めたので、断固できない」「乳製品はすでにいっさい買わないと決めている」という言い訳を繰り返すばかりだ。

図表⑤　北海道の経産牛１頭当たり農業所得の予測

経産牛頭数規模	①令和２年（千円）	②令和３年（千円）	③令和４年（千円）	②－①（千円）	③－①（千円）
50頭未満	254	220	165	－34	－90
50～99頭	170	135	76	－35	－95
100～199頭	150	109	52	－42	－98
200頭以上	72	31	－26	－41	－98
全体平均	137	98	41	－39	－96

注：十勝農協連による試算。①は農林水産省の令和２年営農類型別経営調査の数値、②および③は予測値。

しかし、生乳が余り、バター・脱脂粉乳の製造能力がパンクするほどの非常事態に、牛乳を政府が買い付けて、困窮世帯に配ることくらい、なぜできないのだろうか。

コメについては、「一五万トンの人道支援を表明」という報道もあった。ただ、これは、一五万トンのコメについて、全農などが長期保管する保管料を国が支援するという話に過ぎなかった。これが子ども食堂などに提供されるのは二年後あたりになるので、そのころには古古米になってしまっている。これが「人道支援」とは情けない限りだ。

財務省としては、これが現行の法律でできる精一杯、ということのようだ。だが、法や制度の本来の目的に即した、柔軟な解釈・運用とは言い難い。

そこには、現状を変えよう、困っている人を救おうという「真摯な思い」が欠如している、と言われても仕方がないのではないか。

図表⑥　都府県の経産牛１頭当たり農業所得の予測

経産牛頭数規模	①令和２年（千円）	②令和３年（千円）	③令和４年（千円）	②－①（千円）	③－①（千円）
50頭未満	143	124	48	－18	－95
50～99頭	100	81	3	－20	－98
100～199頭	37	16	－66	－21	－103
200頭以上	103	54	－29	－48	－131
全体平均	104	84	5	－21	－100

注：十勝農協連による試算。①は農林水産省の令和２年営農類型別経営調査の数値、②および③は予測値。

あってはならない「酪農家の連鎖倒産」

いま、日本の酪農が危機に瀕している。

図表⑤は北海道の酪農家の所得である。コロナや戦争の影響により生じている、二〇二二年二月時点での生産資材価格の上昇をもとに試算したものだ。

この表によると、二〇〇頭以上の牛を飼育する大規模経営が赤字に陥っている。生産資材価格の上昇はその後も続いており、赤字はさらに膨らんでいる。このままでは、大規模経営から連鎖的に酪農家が倒産していく可能性もある。

酪農家が苦境に直面している理由は、コロナ・戦争だけではない。北海道の酪農家には、乳代一キログラム当たり二円以上の農家負担金が課せられている。輸入している脱脂粉乳を国産に置き換えるための差額を、農家に負担させるもので、北海道全体で一〇〇億円規模に上る。この負担金が、酪農家の経営に重くのしかかっている。

経営危機は全国の酪農家に広がっている。次に挙げた都府県の表を見ると、同じく二〇二二年二月時点での生産資材価格で計算して、一〇〇頭以上飼育する酪農家が赤字に陥っている。それ以降の高騰を勘案すると、倒産の連鎖は北海道だけでなく、全国的に広がっている。とくに、夏場と秋から春にかけての季節乳価差の大きい九州では、すでに全面赤字の様相を呈していると推定される。

十勝酪農法人会の小椋幸男《おぐらゆきお》会長らは、二〇二二年八月の酪農危機打開集会で、二〇二〇年に比べ、二〇二二年は飼料も肥料も約二倍にはねあがってしまったと指摘した。この集会には、最も厳しい状況に陥っている「メガファーム」だけでなく、放牧酪農で著名な出田基子氏らも駆けつけ、酪農界全体で切り抜けていく決意を共有した。

二〇〇八年の食料危機時より、農家の窮状は深刻だという認識で関係者は一致している。

農政軽視が招いた「人災としての危機」

酪農家が危機に直面する一方、政府にはこれを救おうという姿勢がまるで感じられない。

二〇二二年六月三日、「酪農スピードＮＥＷＳ」が以下のように報じた。

「農水省は三日、国家貿易による二〇二三年度の乳製品輸入数量について、今年一月に設定した年間輸入枠を据え置くと発表した。製品重量で脱脂粉乳七五〇トン（生乳換算五〇〇〇トン）、バター七六〇〇トン（九万四〇〇〇トン）、ホエイ四五〇〇トン（三万一〇〇〇トン）、バターオイル五〇〇トン（七〇〇〇トン）を維持する。国内の需給状況を総合的に判断した」

国が主導した「畜産クラスター事業」によって、全国的に牛乳余りが生じ、酪農家は経営危機に直面している。一方で、国はいまだに畜産クラスター事業を続けているだけでなく、海外からの乳製品輸入は据え置きにするというのだ。

国内の酪農家には、乳製品在庫が過剰だから、生乳を搾るな、牛を処分しろと指示し、出口対策（輸入脱脂粉乳の国産への置き換え）に生乳一キログラム当たり二円以上の農家負担金を課している。その一方で、飼料・資材暴騰下でも乳価を据え置きつつ、海外から大量の乳製品を輸入し続けているのは、矛盾ではないのか。

なぜ、政府はこのように矛盾した政策を取り続けるのか。

その理由は、毎年、生乳換算で一三・七万トンのバター・脱脂粉乳等を輸入する「カレント・アクセス」が定められているから、というのが政府の説明である。一九九三年に合意に至った、「GATT（ガット、「関税及び貿易に関する一般協定」）」の「ウルグアイ・ラウンド（UR）」合意において、「関税化」とあわせて、輸入量が消費量の三パーセントに達していない国（カナダも米国も乳製品が該当）は、消費量の三パーセントを「ミニマム・アクセス」と設定し、それを五パーセントまで増やす約束をしている。しかし、他国の例を見ると、実際にはせいぜい一〜二パーセント程度しか輸入されていないことが多い。

ミニマム・アクセスは政府が言うような「最低輸入義務」ではなく、「低関税を適用すべき輸入枠」で、アクセス機会を開いておくことが本来の趣旨である。国内に輸入品の需要がなければ、無理に輸入しなくても良いのだ。欧米諸国にとって、乳製品は必需品であり、外国に依存してはいけない食品だから、無理に輸入する国はない。かたや日本は、当時すでに国内消費量の三パーセントを遥かに超える輸入量があったので、その輸入量を一三・七万トン（生乳換算）の「カレント・アクセス」と設定し、国内で牛乳余りが生じていようが、毎年忠実に一三・七万トン以上を輸入し続けている。ある意味、世界で唯一の「超優等生」である。

こうした輸入は牛乳以外でも行われている。その代表とも言えるのがコメだ。

コメにおいては、毎年七七万トンを輸入する「ミニマム・アクセス」が定められている。

また、そのうちの三六万トンは必ず米国から買うという「密約（命令）」があると言われている。これについて、政府は「日本は国家貿易として政府が輸入しているので満たすべき国際的責任が生じている」と説明しているが、そんなことは国際的な条約のどこにも書かれていない。政府は、ミニマム・アクセスの遵守が国家貿易だと義務になる「根拠」を示す必要がある。

こうしたかたちでコメ、乳製品の輸入を行う一方、牛乳余りが生じたら、「在庫が増えたから牛乳を搾るな、牛を殺せ」と言うのはあまりに無責任だ。しかも、ついに強制的減産で、絞ったが出荷できない生乳を酪農家が廃棄する事態まで生じている。政府の指示に従い、畜産クラスター事業によって生産設備の増強を行った酪農家は、多額の負債を抱えることになった。その酪農家に対して、「牛乳を搾るな（牛乳を捨てろ）」と言うのは、潰れろと言っているようなものだ。そればかりか、畜産クラスター事業をやめると来年から農水予算を減額されてしまうからと、事業を継続するために補助金を使ってくれという。まったくの矛盾である。

牛乳の生産コストが暴騰する中、酪農家の赤字が膨らんでいる。その対策として、「乳価の引き上げ」とともに、諸外国のように「牛乳の買い上げ」によって需要を創出する方法も有効である。だが、業界も政府も、いずれにおいても牛乳の需給が緩和しているという理由で、断固としてやろうとはしない。

いまや酪農家全体が、経営危機に直面している。その危機を作ったのは政府であるのに、酪農家の倒産は「自業自得」のように言われてしまう。

このような状況を放置すれば、日本の酪農業は崩壊してしまう。そうなれば、いざ食料危機に直面した場合に、日本人の食料供給は本当にストップしてしまうだろう。

本来、法や制度は、国民を救うためにある。

しかし本来の目的に即した法解釈ができずに、いざという時に国民を救うどころか、むしろ苦しめてしまっている。

そうした冷酷な行政のあり方、とくに財政政策こそ、我が国の「がん」である。

政府が脱脂粉乳在庫を買い上げれば、在庫が減り、価格も元に戻るので、農家は救われる。また、コロナ禍で生活に困窮した世帯も救うことができる。他国のように海外援助にも使えば世界にも貢献できる。政府が動かないなら自分たちでと、北海道の酪農家の井下英透氏や川口太一氏らは自腹で脱脂粉乳を海外援助した。想いを政府に届けるための一石を投じたのである。

だが、政府は「法・制度上の条件をクリアできないから、買い上げはできない」、「だからコメを作るな、牛乳を搾るな」と言っているのだ。

こんな状態で、もし世界食料危機が深刻化し、日本の食料がなくなる事態となれば、それは政府による人災というほかない。

第五章　農業再興戦略

「日本の農業は過保護」というウソ

食料は安全保障の要《かなめ》である。食料が不足すれば、国民の命を守ることはできない。だが日本には、そのための国家戦略が欠如している。その結果、自動車などの輸出を伸ばすために、農業を犠牲にするという、短絡的な政策が採られてきた。

その政策のために、メディアを通じて、「農業は過保護だ」という、国民への「刷り込み」もなされてきた。

農業はさまざまな規制に守られた「既得権益」であり、「過保護」な業界だ。その結果、日本の農業の競争力は低下してしまった。こうした状況を変えるには、規制改革や貿易自由化というショック療法が必要だ。そういう「印象」が、長年にわたって刷り込まれてきたのである。

長年、メディアを総動員して続けられたこの取り組みは、残念ながら成功してしまっていると言える。だが、日本の農業が過保護だから自給率が下がった、耕作放棄が増えた、高齢化が進んだ、というのは間違いである。過保護なら、農家の所得はもっとあるはずだが、日本の農業が置かれた現状はその正反対である。

またアメリカの農業は、競争力が高いというのも間違いである。むしろアメリカの農業は日本よりよほど「補助金漬け」である。アメリカは穀物輸出補助金だけで、多い年には一兆円も使う。

しかし、アメリカでは、日本とは違い、食料を自給するのは当然のことであり、そのためなら補助金を出すことも惜しまない。補助金によって食料を増産し、補助金で安くした農産物で世界の人々の胃袋をコントロールするという、徹底した食料戦略を実行している。アメリカが世界最大の食料輸出国となっているのは、そのためだ。

一般に言われている「日本の農業＝過保護で衰退、欧米の農業＝自由競争で発展」というのは、完全に逆なのである。

日本農業の「三つの虚構」

日本の農業に関する「虚構」の一つに、「**日本の農業は高関税で守られた閉鎖市場だ**」というものがある。

ＯＥＣＤ（経済協力開発機構）のデータによれば、日本の農産物関税率は一一・七パーセント。これは、農産物輸出国の二分の一から四分の一くらいの水準である（図表⑦）。

図表⑦　農産物関税率の比較

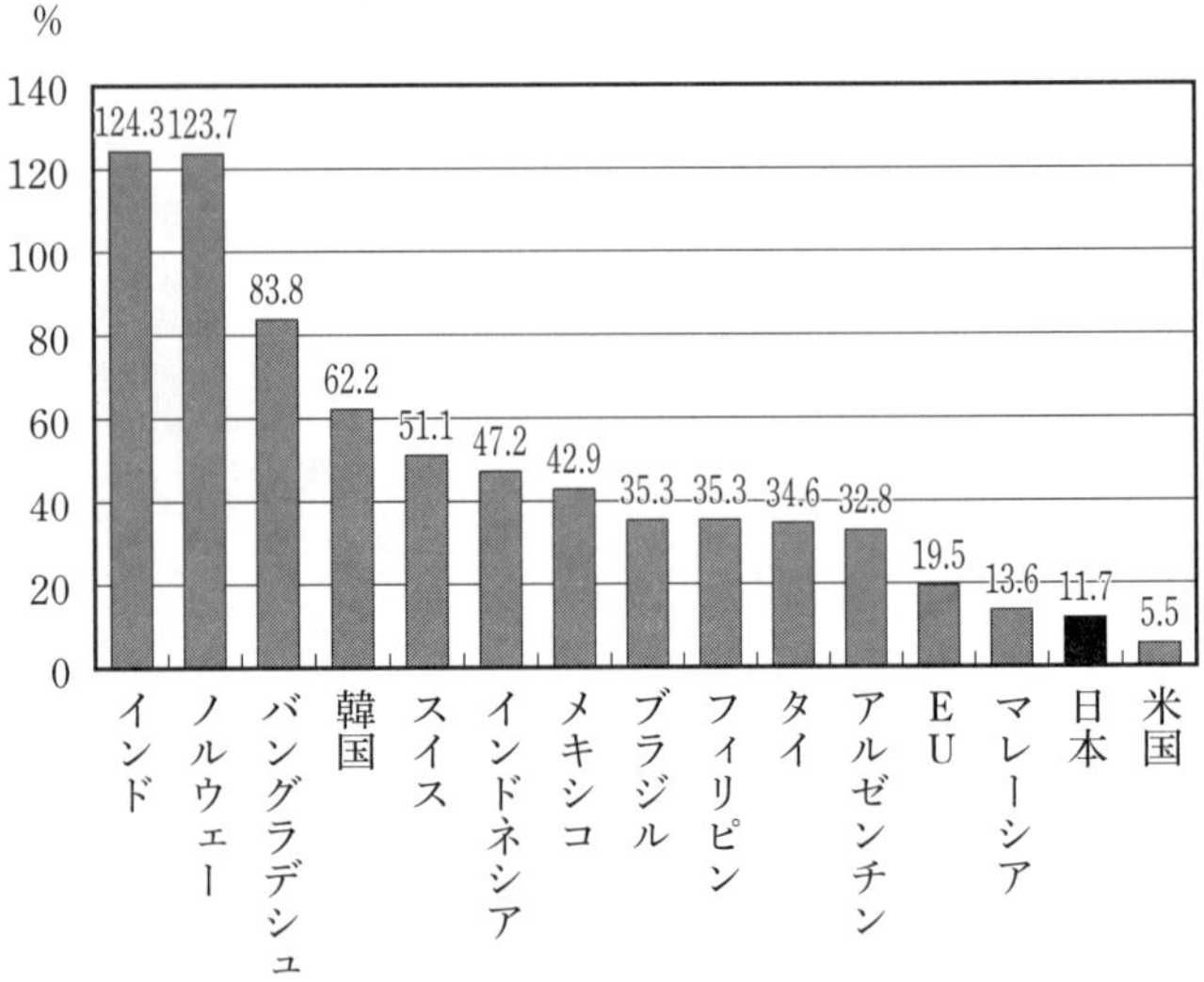

注：OECD（1999）“Post-Uruguay Round Tariff Regimes”より作成。
タリフラインごとの関税率を用いて、貿易量を加味しない単純平均により算出した2000年（UR実施期間終了時）の平均関税率である。関税割当設定品目については枠外税率を使用し、従量税は、各国がWTOに報告している1996年の品目別輸入価格を用いて従価税に換算した。ただし、日本のコメのように、1996年に輸入実績がない品目は平均関税率の算出に含まれていない。

なかには、こんにゃくのように、高い関税がかけられた作物もある（こんにゃくの関税は一七〇〇パーセント）。しかし、大半の農産物の関税は、非常に低い水準に設定されている。大半の農産物の関税率は三パーセント程度と、日本の農産物の九割は関税が低いのである。高関税で守られているどころか、これほど低関税品目が多い国はほとんどない。そもそも、食料自給率三七パーセントの国の農産物関税が高いわけがないのだ。

「日本の農業とは、高い関税に守られ、鎖国状態」

そうしたイメージとは、正反対の現実がここにある。

日本の農業をめぐる第二の虚構は、次のようなものだ。

「**日本は世界から遅れた農業保護国であり、政府が農産物の価格を決めて買い取っている**」

これも間違いである。政府が農産物の価格を決めて買い取ることを価格支持政策というが、日本は、WTO加盟国の中では唯一、農業の価格支持政策をほぼ廃止した国である。その意味では、日本は自由貿易を推進する「優等生」にほかならない。むしろ、他国は、自由貿易の看板をあげていても、農業をはじめ、自国にとって必要な産業については、したたかなまでに死守している。

価格支持政策とは異なり、生産者に補助金を支払うことを「直接支払い」という。欧米は価格支持から直接支払いに転換した、とよくいわれるが、実際には「価格支持＋直接支払い」と表現するほうが正確だ。つまり、価格支持政策と直接支払いとの併用により、価格支持の水準を引き下げた分を、直接支払いに置き換えているのである。

とくにＥＵは、国民に理解されやすいように、環境への配慮や地域振興の「名目」へ、理由付けを変更し、農業補助金の総額を可能な限り維持する工夫を続けている。その上で「介入価格」による価格支持も堅持していることは意外に見落とされている。「ＥＵの支持価格水準が低いため機能していない」という見解もあるが、これも間違っている。

ＥＵ主要国の生産者乳価の比較（図表⑧）を見てほしい。このグラフの「最低価格」が介入価格である。一九九四年、イギリスで一元的な生乳販売組織のミルク・マーケティング・ボード（ＭＭＢ）が解体されて、多国籍乳業と大手スーパーに買い叩かれたため、乳価は暴落した。だが、その際も最低価格で支えられていたことが読み取れる。

ちなみに、日本がこのイギリスにおけるＭＭＢ解体の「惨状」を「反面教師」にすることはなかった。日本では二〇一七年に指定生乳生産者団体の解体の方向性を法制化するととも

図表⑧　EU主要国の生産者乳価の比較

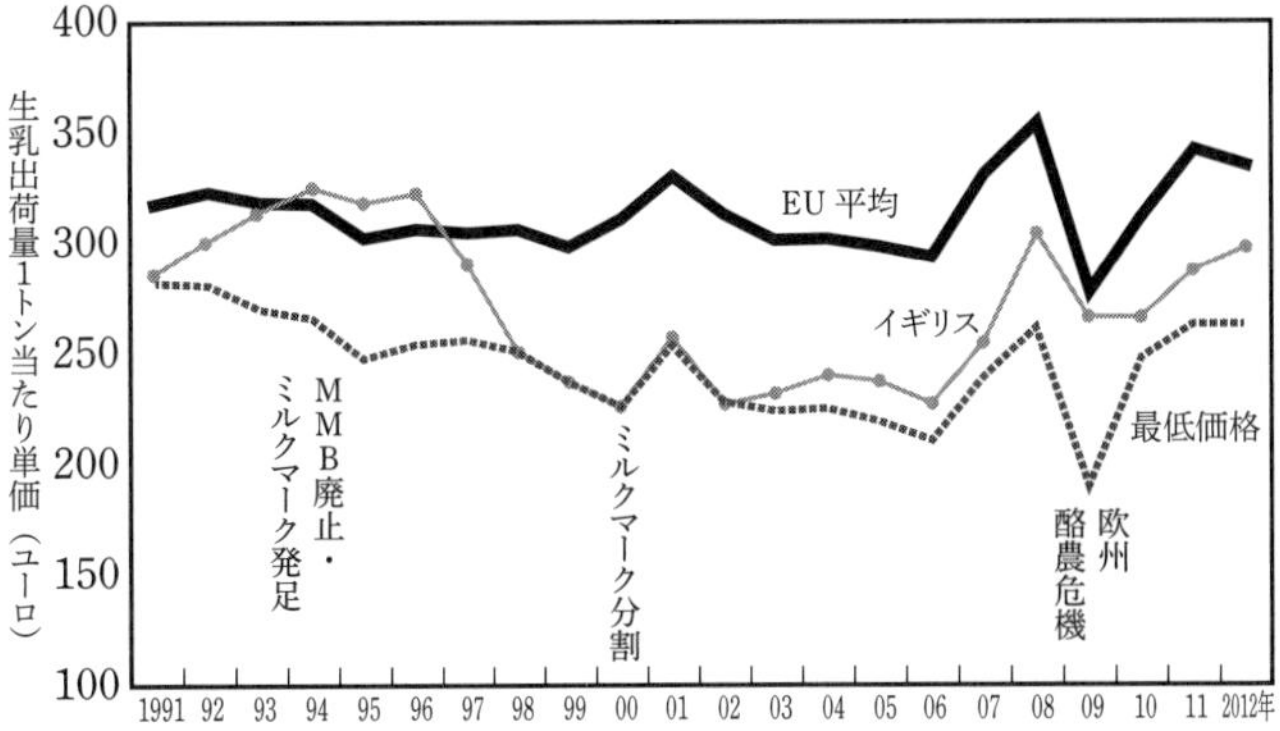

資料：Eurostat.
注：「単価」は、生産者価格ベース出荷額を購買力基準（Purchasing Power Standard：PPS）で実質化し、出荷量で割った加重平均値。ただし、「EU平均」は、1991年にすでに加盟国であった12ヵ国から出荷量が非常に少なく異常データをもつギリシャとルクセンブルクを除く10ヵ国（ベルギー・デンマーク・ドイツ・アイルランド・スペイン・フランス・イタリア・オランダ・ポルトガル・イギリス）の加重平均値である。出所：農林水産政策研究所木下順子主任研究員（当時）作成。

に、政府による最低限の買い支えも完全に廃止した。

　その結果、日本国内の酪農家は非常に厳しい状況に追い込まれている。

　アメリカ・カナダ・欧州は、穀物や乳製品を支持価格で買い入れ、国際援助や輸出に回している。とくにアメリカは、政府在庫の出口として、援助や輸出信用を活用している。輸出信用とは、焦げ付くのが明らかな相手国に、米国政府が保証人になって食料を信用売りし、結局焦げ付いた場合は、米国政府が輸出代金を負担する仕組みである。アメリカは多い年には、輸出信用に四〇〇〇億円、食料援助（全額補助の究極の輸出補助金）に一二〇〇億円も支出している。

また、先述の通り、実質的な輸出補助金にあたる不足払いによる輸出穀物の差額補塡も行っており、多い年には、コメ、トウモロコシ、小麦の三品目に限った合計で四〇〇〇億円に達している。これらを足しただけでも約一兆円もの実質的輸出補助金をアメリカは支出し、「需要創出」しているのだ。一方の我が国の輸出補助金はほぼゼロであり、比較にならない。

さらに、米国では農家などからの拠出金（チェックオフ）を約一〇〇〇億円徴収し、国内外で販売促進を行っているが、そのうち、輸出促進部分には同額の連邦補助金が付加される。これも「隠れた輸出補助金」であり、三〇〇億円近くにのぼる。しかも、この拠出金は輸入農産物にも課しており、「隠れた関税」となっている。

とくに酪農については、飲用乳価を高く支払うよう、全米二六〇〇の郡別に最低支払い義務を政府が課している。これも、乳製品価格を下げ、輸出を促進する点では「隠れた輸出補助金」だ。

図表⑨　農業所得に占める補助金の割合（A）と農業生産額に対する農業予算比率（B）（単位：％）

	A			B
	2006年	2012年	2013年	2012年
日　本	15.6	38.2	30.2(2016)	38.2
米　国	26.4	42.5	35.2	75.4
スイス	94.5	112.5	104.8	—
フランス	90.2	65.0	94.7	44.4
ドイツ	—	72.9	69.7	60.6
英　国	95.2	81.9	90.5	63.2

資料：鈴木宣弘、磯田宏、飯國芳明、石井圭一による。
注：日本の漁業のAは18.4％、Bは14.9％（2015年）。「農業粗収益－支払経費＋補助金＝所得」と定義するので、例えば、「販売100－経費110＋補助金20＝所得10」となる場合、補助金÷所得＝20÷10＝200％となる。

第三の虚構は、「**農家は補助金漬け**」というものだ。

日本の農家の所得のうち、補助金が占める割合は三割程度である。一方、EUの農業所得に占める補助金の割合は、イギリス・フランスで九〇パーセント以上、スイスではほぼ一〇〇パーセントであり、日本は先進国の中で最も低い(図表⑨)。

これを見て、「所得のほとんどを税金でまかなうほうが問題」と思われるかもしれない。だが、命を守り、環境を守り、地域コミュニティを守り、国土・国境を守っているのが農業である。その農業を国民みんなで支えるのは、世界では当たり前だ。当たり前でないのは日本だけである。

フランスやイギリスの小麦経営は二〇〇〜三〇〇ヘクタール規模が当たり前だ。だが、そんな大規模穀物経営であっても、所得に占める補助金の割合は一〇〇パーセント超えが常態化している。つまり、市場での販売収入では肥料・農薬代も払えないので、補助金で経費の一部をまかないつつ、残りを所得として得ている。

日本では野菜・果実の補助金率がきわめて低いが、フランスでは所得の約三〇〜五〇パーセントが補助金という実態がある（図表⑩）。

農業の大規模化はムリ

「日本は小規模農家が多いので、企業の参入によって大規模化すべきだ」という意見も目にする。だが、農業の現実を見れば、無理な話というほかない。

少子高齢化による人手不足や、低所得により、農家はかなり減ってきている。そのため日本全国で耕作放棄地が増えている。農家が減った分、一軒あたりの耕作面積が広くなればいいが、残念ながらそうなってはいない。

日本の場合、山間部が多いため、耕作地は狭くならざるを得ない。オーストラリアのように平野が広がっているなら、一区画一〇〇ヘクタールもの耕作地が当たり前だろうが、日本

図表⑩　品目別の農業所得に占める補助金比率の日仏比較

（パーセント）

		日本	フランス
全農家平均	2006	15.6	90.2
	2014	38.6	81.7
耕種作物	2006	45.1（11.9）	122.3
	2014	145.6（61.4）	193.6
野菜	2006	7.3	11.6
	2014	15.4	26.1
果実	2006	5.3	31.5
	2014	7.5	48.1
酪農	2006	32.4	92.3
	2014	31.3	76.4
肉牛	2006	16.7	146.1
	2014	47.6	178.5
養豚	2006	10.9	—
	2014	11.5	107.6
養鶏	2006	22.7（11.6）	—
	2014	15.4（10.0）	48.5

注：1. 日本の耕種作物の（ ）外の数字が水田作経営、（ ）内が畑作経営の所得に占める補助金比率である。
　　2. 日本の養鶏農家の（ ）外は採卵鶏、（ ）内がブロイラー農家の所得に占める補助金比率である。

資料：日本は農業経営統計調査、営農類型別経営統計（個別経営）から鈴木宣弘とJC総研客員研究員姜薈さんが計算。
フランスは、RICA 2006 SITUATION FINANCIÉRE ET DISPARITÉ DES RÉSULTATS ÉCONOMIQUES DES EXPLOITATIONS、Les résultats économiques des exploitations agricoles en 2014 から鈴木宣弘作成。

の場合、農地がどうしても細分化されてしまう。

日本でも、一軒あたりの耕地面積が五〇〜一〇〇ヘクタール程度というケースもあるが、その場合の田んぼは、一〇〇ヵ所以上に点在しているのが普通だ。そんな状態で、農業を効率化するのは無理だろう。これは日本の土地条件の制約によるもので、企業が参入したところで簡単には変えられない。

実際、農業に参入した大企業はほとんど撤退してしまっている。企業がやればうまくいくというのは幻想なのだ。企業が参入したからといって、自然を相手にして、思うように生産をコントロールできるものではない。

それに、企業は生産を合理化することには長けているが、需要を創出できるとは限らない。せっかく農作物を増産したところで、需要をつくれなければ意味がない。一時は工場型の水耕栽培、いわゆる「植物工場」が話題になったが、これには莫大な費用がかかる。それに見合う収益を上げ続けるのはまだまだ現実的ではないのだ。

有機農業で中国にも遅れをとる

そもそも、土を使わない水耕栽培によってできる農産物は、たしかに安心・安全ではあるが、微量栄養素が不足するとも言われている。土には土壌微生物がたくさんいる。それが微量栄養素を作り、人間の健康にも良い影響を与える。

実は、日本には「黒《くろ》ボク土《ど》」と呼ばれる、非常に肥沃な土がある。世界で最も肥沃な土は、先述したウクライナの「チェルノーゼム」だが、その次に良いのがこの「黒ボク土」とも言われている。しかも、日本にある「黒ボク土」は、世界で最も多いという。

つまり、日本の農地は、もともと肥料をやらなくても良いくらい、力を持っているのである。それをうまく活用した農業をやれば、生産力はもっと高められるともいう。しかしながら、現状、日本の農業はその力をまだまだ発揮できていない。それどころか、有機農業などは、世界からかなり遅れを取っている。

かつての中国は、肥料・農薬の使い過ぎを指摘されていたが、現在は、国策として有機農業を大々的に推進している。ＥＵ向けの有機農産物の輸出量ですでに世界一位、有機農産物の生産量で世界三位というデータもある。

ヨーロッパが食の安全基準を厳格化し、消費者を中心に有機農業への支持が広がったことで、ヨーロッパへ食料を輸出する国でも、有機農業を拡大する動きが広がっている。

日本の農業がオーストラリアやアメリカ、ニュージーランドと同じ土俵で戦っても、勝てるわけがない。必要なのは、農家一軒あたりは狭い農地であっても、安心・安全な国産という消費者の評価を確立し、国全体では一定程度の食料自給率を維持していくための「工夫」と「国による支援」である。

もちろん農家には、できる限りのコストダウンが求められる。だが、いま根本的に欠けているのは、農家が農業を続けていける共生システム作りと、補助金を含めた国からの支援なのは言うまでもない。

「農業への補助金」実は大したコストではない

本当のところ、農家支援には大してお金がかからない。コメ一俵を作るためにはがんばっても一・二万円のコストがかかる。だが実際の買い取り額は九〇〇〇円程度でしかない。その差額を国が補塡した場合、主食米七〇〇万トン全量を補塡しても三五〇〇億円程度である。また、全酪農家に対して、生乳キログラム当たり一〇円補塡した場合の費用は七五〇億円程度。全国の小中学校の給食を無償化した場合でも、約五〇〇〇億円もあればよい。

これらは莫大な金額に見えるかもしれないが、国の予算全体の規模を考えれば、さほど大きな額ではない。

筆者らは、長野県での調査を基に、国民が食料安全保障を確保するために支払ってもよいと考えている金額は一・六兆円、洪水防止や水質浄化などの農業・農村の持つ多面的機能全体では一〇兆円規模に上る可能性があることを明らかにしている。そうした面でも、先に挙げた金額は国民の意志に反しないものだと言える。

米国製ステルス戦闘機Ｆ35の購入・維持予算は六・六兆円（一四七機）という莫大な金額だ。防衛費を二倍にして、約五兆円も増額するなら、食料自給率向上にも予算を投じるべきだ。

日本の政府予算は、財務省によってガチガチに枠をはめられ、毎年わずかな額しか各省の予算を変更できない。これを機に、そうした日本の予算システムの欠陥を抜本的に改めるべきではないだろうか。食料を含めた大枠の安全保障予算を再編し、防衛予算から農業・文科予算へのシフトを含めて、食料安全保障確立助成金を創設すべき時がきている。いざというときに食料がなくなってもオスプレイやＦ35をかじることはできない。

安定した食料供給は安全保障の根幹である。食料安全保障のために、農業政策を抜本的に変更すべき時にきている。

「みどりの食料システム戦略」

いま、世界各国では食料戦略の転換が進んでいる。欧州では、農薬使用量の半減や、有機農業面積を二五パーセントに拡大するといった目標を掲げる「Farm to Fork」（農場から食卓まで）戦略が策定されている。またアメリカは、カーボンフットプリント（生産・流通・消費工程におけるCO2排出量）の大幅削減などを目標とする「農業イノベーションアジェンダ」を二〇二〇年に公表している。

一方、こうした世界の潮流に取り残されつつある日本が掲げるのが「みどりの食料システム戦略」である。

二〇五〇年までに、農林水産業のゼロエミッション（排出するCO2と吸収するCO2の量を同じにする、すなわちカーボン・ニュートラル）化の実現、ネオニコチノイド系を含む化学農薬使用量の低減、有機農業面積の拡大、地産地消型エネルギーシステム構築に向けての規制見直しの検討のほか、「政策手法のグリーン化（一定レベルの環境に優しい農法をしていないと農業補助金を受給できない＝クロス・コンプライアンス）」も目指すとしている。

目標数値の提示は無理かと思われたが、なんと、二〇五〇年までに稲作を主体に有機栽培面積を二五パーセント（一〇〇万ヘクタール）に拡大、化学農薬五割減、化学肥料三割減を打ち出している。

これらは、欧州が掲げる、二〇三〇年までに「農薬の五〇パーセント削減」「化学肥料の二〇パーセント削減」「有機栽培面積の二五パーセントへの拡大」とほぼ同じ水準だ。

日本では、化学肥料の原料となるリン酸、カリウムの一〇〇パーセントを輸入に依存していることも、肥料の有機化を促す要因となったことは農水省も明言できない。

数値目標は評価できる一方、本当にたしかな有機農業を推進できるかという点には懸念もある。世界で農薬削減の流れが起きている中、「代替農薬」として、害虫の遺伝子の働きを止めてしまうRNA農薬が視野に入れられている。このRNA農薬は、化学農薬に代わる次世代農薬として、すでにバイオ企業によって開発が進められている。化学農薬の代わりに、このRNA農薬を使って、「有機栽培」を名乗ることが認められたら、本末転倒である。

小売り大手が有機農産物を囲い込むことも、農産物の買い叩きを余計に助長してしまうだろう。有機農業から得られる利益が、農家ではなく、企業に還元されるのではないかという懸念が拭えない。

また、ゲノム編集作物について、大々的に推進する方向を打ち出している点も懸念される。ゲノム編集作物は、予期せぬ遺伝子損傷が起こるとされ、世界的に懸念が高まっているからだ。ゲノム編集作物であっても、いずれは「有機栽培」を認めるつもりなのだろうか。

また、イノベーション、AI（人工知能）、スマート農業技術などの用語が並んでいる点も違和感を覚える。こうした技術の活用に反対ではないが、いま日本の農業が抱える課題が、スマート化だけで解決できるとは思えない。「高齢化、人手不足はAIで解決する」という方向性は、「農家が消え、コミュニティが崩壊したあと、AIを駆使した企業が農業を独占する」という姿にも見える。バイオ企業などは、いわゆるスマート農業技術も含め、IT大手とも組んで、農業生産工程全体をトータルに包含したビジネスモデルを展開しつつあるからだ。

政府としては、むしろ「多様な農家が共存しつつ、コミュニティを持続する」方向性を打ち出すべきではなかったか。中小経営や「半農半X」を含む、多様な経営体が地域農業とコミュニティを支えることを再確認した、二〇二〇年の「新たな食料・農業・農村基本計画」とも相反するように思われる。

しかし、「みどりの食料システム戦略」の策定には、「新たな食料・農業・農村基本計画」において、多様な経営体の重要性を復活させた人たちが関わっており、「大規模化のための技術でなく、篤農家でなくても誰でも農業ができる技術を普及することで、農業や有機農業の裾野を広げ、農村に人を呼び込めるようにしたい」という意図は示されている。

「GAFAの農業参入」という悪夢

こうした食料戦略が、企業利益の追求に利用されることは避けなければならない。

世界の食料企業は、IT分野への進出を強めている。バイエル社（旧モンサント社）は、化学肥料市場から、遺伝子組み換え作物へ視点を変えて急成長。二〇一三年には新たな戦略の一環として、農業プラットフォームサービスのClimate社を買収している。バイエル社の狙いは、食料供給におけるソリューション提供企業への変身にある。買収したClimate社を通じ、農業機器の製造・販売大手のAGCOや、農機具メーカーのJohn Deereのオペレーションセンターとデータの相互接続をするといった取り組みが行われている。これによって、農地の肥沃度管理や、区画ごとの収量分析、地域の気象データ確認などの作業を、一つのプラットフォーム上で行う、デジタル農業技術ソリューションを提供している。

そうした中、農業生産者はClimateの利用が必須になり、ますますバイエル社への依存を強めることが懸念される。ここに、GAFA(Google、Apple、Facebook〈現Meta〉、Amazon)などのIT大手企業も加わることで、農業のより一層の省人化が進めば、既存の農家が追い出されかねない。ドローンやセンサーで管理・制御されるデジタル農業で、種から消費までの儲けを最大化するビジネスモデルが構築され、それに巨大投資家が投資する未来も見えてくる。

現に、二〇二一年九月に開催された国連食料システムサミットは、ビル・ゲイツ氏らの主導による、デジタル農業推進のキックオフに位置づけられたとも言われている。実際、ビル・ゲイツ氏はアメリカ最大の農場所有者になっており、マクドナルドの食材もビル・ゲイツ氏の農場が供給しているというニュースも報じられている。

「みどりの食料システム戦略」が、農水省の意図を超え、投資家だけが利益をむさぼる仕組みに利用されることがあってはならない。

「三方よし」こそ真の農業

ビル・ゲイツ氏がおそらく考えているであろう、データ化とAI・ロボット・ドローンの導入によるデジタル農業は、既存の農家にとっては脅威になる。だが、そうしたデジタル農業が「今だけ、カネだけ、自分だけ」の目先の自己利益を追求すると、本当に食料危機に備える「食の安全保障」や、地域コミュニティの維持、環境への配慮がおろそかにされる懸念がある。

カナダの牛乳は一リットルあたり三〇〇円と、日本より大幅に高い。だが、消費者はそれに不満を持っていない。筆者の研究室の学生が行ったアンケート調査では、カナダの消費者から「米国産の遺伝子組み換え成長ホルモン入り牛乳は不安だから、カナダ産を支えたい」という趣旨の回答が寄せられた。

スイスの卵は、国産の場合一個あたり六〇〜八〇円もする。輸入品の何倍もの価格だが、それでも国産の卵のほうがよく売れていた（筆者も見てきた）。小学生くらいの女の子が卵を買っていたので、質問してみると、その子は「これを買うことで生産者の皆さんの生活も支えられ、そのおかげで私たちの生活も成り立つのだから、高くても当たり前でしょう」と、いとも簡単に答えたという（元NHKの倉石久寿氏による）。

農家・メーカー・小売りのそれぞれが十分な利益を得た上で、消費者もハッピーなら、牛乳一リットルあたり三〇〇円、卵一個八〇円でもまったく問題はない。むしろ、これこそ真の意味で持続的なシステムではないか。関係者全員が幸せであり、日本の近江商人の格言

「売り手よし、買い手よし、世間よし」の「三方よし」が実現されているからだ。

キーワードは、ナチュラル、オーガニック、アニマル・ウェルフェア（動物福祉）、バイオダイバーシティ（生物多様性）、そして美しい景観である。これらに配慮して生産されていれば、ホンモノであり、安全で、かつ美味しい。これらのキーワードはつながっている。値段が高いのではなく、そこに注入された価値を皆で支えていこうという意志が込められている。

イタリアの水田の話も、非常に示唆的だ。水田にはオタマジャクシなどさまざまな生き物が棲み、生物多様性が保たれている。また、ダムの代わりに貯水する洪水防止機能、水を濾《ろ》過《か》してくれる機能など、さまざまな機能を果たしている。水田のこうした機能に、イタリア国民は常にお世話になっているが、それはコメの値段に反映されていない。もし、十分反映されていないなら、イタリア国民は水田に「ただ乗り」しているのである。

その場合、「農業にただ乗りしてはいけない。お金を集めて、農業にもっと払おうじゃないか」という感覚を持つのが、世界の常識である。

実際に、イタリアではこういった考えに基づき、税金を使って農家への直接支払いを行っている。

筆者らが二〇〇八年に訪問したスイスの農家では、豚の食事場所と寝床を区分し、自由に外に出て行けるように飼うと二三〇万円、草刈りをし、木を切り、雑木林化を防ぐことで、草地の生物種を二〇種類から七〇種類に増加させることができるので、それに対して一七〇万円、というようなかたちで財政からの直接支払いが行われていた。

農業の果たす多面的機能の項目ごとに、支払われる直接支払額が具体的に決められているから、消費者の納得を得られやすく、直接支払いが「バラマキ」と言われることもない。農家もそれを認識し、誇りをもって生産に臨んでいる。

こうしたシステムが日本にも必要なのではないだろうか。

給食で有機作物を

戦後の「洋食推進運動」については先に触れたが、あれから六〇年以上を経たいま、再び子どもたちをターゲットにした啓蒙《けいもう》が行われている。

それは、ゲノム編集トマトの普及活動である。このトマトは某大学が税金も使用して開発し、その成果が企業に「払い下げ」られた。

ゲノム編集作物については、予期せぬ遺伝子損傷（染色体破砕）や新たなアレルゲンの出現などが学会誌で報告されていて、従来の遺伝子組み換え作物と同等の審査と表示義務を課す国もある。一方、我が国では「届出のみ、表示なし」で、すでに流通が始まっている。しかも、消費者の不安を和らげ、スムーズに受け入れてもらうため、販売企業はそのトマト苗を、まず家庭菜園に四〇〇〇件配布。そののち、二〇二二年から障がい児福祉施設、二〇二三年から小学校に無償配布して育ててもらい、普及させていくという。

子どもたちを突破口として、ゲノム編集トマトが普及した暁には、その特許料は米国のグローバル種子・農薬企業に入るという(前出・印鑰智哉氏)。安全性が確認できていないものを日本の子どもたちを「実験台」にして浸透させる「ビジネスモデル」だというのだ。

こうした活動から子どもたちを守り、「食育」の環境を整えるという意味でも、学校給食は非常に重要だ。

それに加えて、農家にとっても、需要の「出口」となる学校給食はとても重要である。二〇二一年一二月に「牛乳余り」が発生したのは、コロナ禍で外食需要が減ったことに加えて、学校給食が冬休みでストップした影響も大きかった。

牛乳については、補助金の効果もあって、需要の一割以上を学校給食が占めているという。この学校給食を活用し、有機米や有機野菜の需要の「出口」に使うことで、有機農業の

図表⑪　小中学校給食を現行給食単価で無償化する費用の試算（全国・年間）

	児童数	給食単価	年回数	年間費用	総額
	万人	円	回	円	万円
小学校	637	250	191	47,750	30,416,750
中学校	322	292	186	54,312	17,488,464
					47,905,214

資料：文科省資料からNPO法人「めだかの学校」理事長・中村陽子さんと筆者による試算。

拡大に効果を発揮する。また、地元のおいしい有機作物を使った給食は、子どもたちへのまたとない「食育」となる。

日本では格差の拡大が進み、子どもの貧困問題が顕在化し、きちんと必要な食料を食べられない子どももいるという。そういう社会構造そのものが問題ではあるが、当面の対応策として、学校給食を公共調達にして、誰もが食べられる仕組みを作れば、格差対策にもなり、食育もできて、農家も助かる。いまの給食単価が安すぎるという問題もあるのだが、もし仮に、学校給食の費用を国が全額負担して無償化しても、必要な金額は四八〇〇億円くらいで済む。

しかも、防衛費とは異なり、この金額は基本的に国産農作物の購入や、国内で働く人の人件費に充てられるわけで、経済への波及効果も大きい。実際、給食を公共調達としている国は多い。ヨーロッパだけでなく、お隣の韓国でも、給食は公共調達が進んでいる。

今の給食単価はあまりにも安すぎて、輸入品を使わざるを得ないのだが、千葉県のいすみ市では、太田洋《おおたひろし》市長の尽力によって学校給食に地元の有機栽培の米を使っている。それも、もともと地元に有機米がなかったところ、栃木県のNPO法人民間稲作研究所の稲葉光《いなばみつ》國《くに》さんが開発した農法を、いすみ市で研修を行い広めるところから始めたという。

有機農業は手間がかかるというイメージもあるが、この稲葉さんの方法だと手間もかからないし、収入もむしろ増えるという。一〇アール当たりの所得は通常二万〜三万円くらいだが、稲葉さんの方法ではその六倍も可能という。その地元の有機米をいすみ市が買い取っているが、通常は二〇二二年なら一俵九〇〇〇円のところを、いすみ市は一俵二万円で買い取っている。これでいすみ市で有機農業が一気に普及した。いすみ市の負担額は五〇〇万〜七〇〇万円くらいというが、予算のない市町村の場合は、国が負担して実現すればいい。

「ローカルフード法」は日本を変えるか

こうした取り組みを日本全体で実現しようというのが、川田龍平《かわだりゅうへい》参議院議員が超党派で提出できるように準備中の「ローカルフード法」である。筆者もそのチームに加わっている。「ローカルフード法」は、「地域のタネからつくる循環型食料自給」を目指す法律だ。地域の在来品種の種苗を守り、活用して、種から消費までの安心・安全な食の循環ネットワークをつくるため、自治体や国が必要な財政措置を講じて支援するよう定めている。

つまり、このローカルフード法によって、地域の農作物を学校給食で使用する費用を国がまかなうことが可能になる。地域の在来品種の種苗を守るとともに、生産者から消費者までの関係者が一体となった、循環型の食料・経済システムをつくることが、ローカルフード法のねらいなのである。

この法案は自民党を含め、他党からも賛成が得られるよう、説明を重ねている。

以下、ローカルフード法でできることを挙げておく。

① ［地域の食のシステム］種から食卓まで地域循環に基づく安全で安心ができる食のシステムが日本全国で展開できるように支援。

② ［遺伝子操作・食の安全・健康・環境・動物福祉］遺伝子操作されない安心できる地域の種苗を元に有機、あるいは環境に配慮された農法、動物福祉を尊重した畜産によって行われる安全な食品を生産できる仕組みを支援。

③ ［地域での種採り・新品種育種支援］地域での種採り（農家、育種家）を支援。

④［種子の保全］シードバンクの設立・運営支援。在来種の発掘と保全に寄与。
⑤［市民参加型政策決定・計画立案］地域の農家、市民、企業によるローカルフード委員会を作り、栽培した作物を学校給食などで生かすローカルフード活用計画を策定し、地域自給率の向上をめざす。
⑥［認証］地域の農家、市民、流通業者が参加することで種苗から地域で育てた作物を地域のローカルフードとして認証し地域での活用を図る。
⑦［教育・研究］学校での菜園における在来種などの栽培、採種を通じた学習、収穫物の活用を学校教育の中で進める。また大学を含め、地域の在来種、食文化に関する研究を促進。
⑧［自治体間提携］農村自治体と都市自治体の自治体間〝提携〟・連帯。
⑨［予算］国が各市町村や都道府県での計画実行のための基本的な予算を確保。

（川田龍平議員、印鑰智哉氏、堤未果氏らのチームで作成したもの。詳しくは、ローカルフード法／条例サイト（localfood.jp）を参照されたい。）

日本のお金が「中抜き」される理由

以前、朝日放送テレビの『教えて！NEWSライブ 正義のミカタ』という情報番組に出演した際、明石市長の泉《いずみ》房穂《ふさほ》さんが、子どもを守る政策の予算を倍に増やし、給食費などを無料化したことによって、経済が改善して税収も増え、出生率も上がったという話をされていた。しかし、自治体のこうした活動を、国はサポートしないどころか、交付金を減らしてむしろ足を引っ張ってしまう現状があるという。

予算をつけないこと以上に、お金の使途も非常に問題だ。二〇〇八年の食料危機の際、筆者は審議会の畜産部会長を務めていたが、エサ価格の高騰で危機に直面した畜産業の救済に、四〇〇〇億円の緊急予算を獲得した。だがその四〇〇〇億円のうち、実際に酪農家へ届いた金額は、たった一〇〇億円だけ。三九〇〇億円はどこに消えたのかと、審議会の消費者側の委員が怒り始めてしまった。国の予算にはこうした「中抜き」が生じており、お金が効果的に使われていないのである。

こうした理不尽に、日本人はもっと声をあげていかなければならない。

スペインなどでは、コロナ禍とウクライナ戦争によって燃料や肥料価格が高騰したことなどを受けて、農家による大規模な抗議活動が繰り広げられた。彼らの抗議活動は、首都へ通じる道を、多数の農家が封鎖するという激しいもので、抗議活動が始まると、都市部のスーパーの店頭から食品が消えてしまうという。こうした国々では、日本より高い水準で、農家に対する補助金が戦略的に支払われているのだが、それでも農家は声をあげている。それに比べると、日本人はおとなしすぎるのかもしれない。

かつては、農協が中心となって、「米価闘争」などを繰り広げていた。TPP反対運動でも、農協がまとめ役となっていた。しかし、農協は「既得権益」と批判され、解体の危機に直面してしまっている。その結果、農協を中心に大規模な抗議活動を組織することが難しいのが現状だ。労働組合が弱体化、劣化したことで、サラリーマンの賃金が上がらなくなったのと、よく似た構図がここにある。

「ミュニシパリズム」とは何か

政策を改善する努力はもちろん必要だ。だが、それ以上に、私たち自身の取り組みも重要ではないだろうか。大企業はどうしても自分たちの利益を優先しがちだ。規制改革の名目で、自分たちに利益が集中するような仕組みを作ろうとする。そのために政治家を動かすだけの資金力も持っている。そうした連中が政治・行政を私物化し、一部のお友達企業だけが儲かる流れがつくられてきた。

そうした「今だけ、カネだけ、自分だけ」の「三だけ主義」に陥ることなく、個々の農家や消費者が、農家の経営と地域の暮らしを守るために協力する必要がある。そうしたネットワークがあってこそ、安定した農林水産業が成り立つ。

世界で最も有機農業が盛んな国はオーストリアで、全農地の二五パーセントもある。そのオーストリアのペンカー教授という方が、「生産者と消費者はCSA（産消提携）では同じ意思決定主体ゆえ、分けて考える必要はない」と言っている。この言葉には重みがある。生産者と消費者が一体となって、はじめて安定した食料供給が可能になるのだ。

以前、農機メーカーの若い営業の皆さんに講演する機会があったが、講演後、筆者の周りに集まって、「自分たちの日々の営みが日本農業を支え、国民の命を守っていることが共感できた」と語ってくれたことがあった。つまり彼らは、自分たちと農家、消費者は別の存在ではなく、運命共同体であることに気づいたのである。

我々はつい、生産者と消費者を分けて考えがちだが、本来、生産者と関連産業と消費者は「運命共同体」である。いま、その共同体が機能不全に陥り、日本の食料供給システムの危機を招いている。なぜ共同体が機能しないかと言えば、その最大の理由は、「私」の暴走にある。「私」、すなわち「自己の目先の金銭的利益の追求」が暴走し、全体の利益が損なわれている。その「私」の暴走を抑制し、適切な富の分配と、持続的な資源・環境の管理を実現しなければならない。

そのためには、「私」に対する「拮抗力《きっこう》（カウンターベイリング・パワー）」としての「公」（政策介入）、および「共」（相互扶助）が不可欠である。しかし、「公」が「私」に私物化（買収）され、「共」を弱体化するための攻撃が展開されている。したがって、いまこそ「共」が踏ん張り、この社会を守らなければならないのだ。

グローバル企業は、農家から買い叩き、消費者に高く売ることで、不当に高いマージンを得ている。日本国内でも、流通・小売りが大きなマージンを取っていることが問題になっている。しかし、農漁協の共販や、生協（生活協同組合）による共同購入を拡大することによって、流通業者の占めるウエイトが低下し、その市場支配力が抑制されることになる。そうなれば、農家は同じものを今より高く売ることができ、消費者は今より安く買うことができる。このように、流通・小売りに偏ったパワー・バランスを是正し、利益の分配を適正化し、生産者・消費者の双方の利益を守る役割こそ、協同組合の使命である。

不当なマージンは日本のいたるところで見られるが、労働力の買い叩きも、そうした不当なマージンの一つだ。あちこちで「人手不足」が叫ばれているが、その実態を見ると「賃金が安すぎて人が集まらない」という場合も多い。日本は先進国で唯一、実質賃金が下がり続けている。日本の労組はいまこそ踏ん張らねばならない。

二〇二二年六月に杉並区長に当選した岸本聡子《きしもとさとこ》氏が、「ミュニシパリズム(municipalism)」という言葉を紹介している。「ミュニシパリズム」とは、バルセロナ(スペイン)、ナポリ(イタリア)、グルノーブル(フランス)など、ヨーロッパ各地を中心に広がりつつある考え方で、地域に根付いた自治的な民主主義や合意形成を重視する。

地域の構成要素を「コモン(ズ)」(構成員によって共同で利用・管理される共有財や資源)ととらえ、市民の政治・政策策定への直接参加を強め、すべてのものを企業の儲けの道具に差し出そうとする流れ(新自由主義)を断ち切って、市民全体のために地域を維持・発展させていこうという取り組みである。

自立した地域の取り組みの広がりが国全体を動かす原動力になることを期待したい。

「新しい食料システム」の取り組み

日本各地では、いまこうした取り組みが実際に進んでいる。

「ママエンジェルス」は、母親たちを中心とした消費者がもっと積極的に関与し、消費者の声を行政に働きかけていこうという消費者団体だ。全国で約三六〇〇名の会員がいて、生産者と消費者が一体となった食料供給の仕組みをつくろうとしている。まとめ役をしている平《ひら》山秀善《やまひでよし》さんは、愛知の飲食店がコロナで大変な時に発足した愛知県飲食業経営審議会にアドバイスをして、一店舗六万円の補助が必要だという交渉を行い、審議会は地域全体の要望として提案書を提出し、実際に一四〇〇億円の予算を国から勝ち取った。

「ヒーローズクラブ」という企業グループは、いわゆる「半農半X」のかたちで、社長や社員が栃木県塩谷町での「古代米」栽培や、地元の祭りに参画し、作物を市価の数倍の値段で買い取り、社員食堂で活用するなどの取り組みを行っている。

群馬県高崎市に、「まるおか」という有名なスーパーがある。ここでは、社長みずから全国を回り、在来種で安心・安全なおいしい作物をつくる農家を探し、そことだけ取引をしている。味噌、醬油でも、在来製法の本物しか置かないので、少々高くても、「まるおか」の商品なら必ず安心・安全だという絶大な信頼を得て、今では全国的に有名な店になっている。その「まるおか」の店舗の中には「食は命」という看板が掲げられている。生産と消費を「安心・安全」で結ぶ信頼の架け橋となる、かつお手本になるスーパーとして注目されている。

愛知県豊田市の押井営農組合では、都市の住民と米の栽培契約を結ぶ、「自給家族」という取り組みを行っている。この取り組みは「ＣＳＡ（Community-supported agriculture：地域支援型農業）」の一形態として、関心が集まっている。

和歌山県の「よってって」は、いわゆる直売所だが、ある意味、直売所の限界を克服した仕組みとしてクローズアップされている。直売所には生産者がみずから値段を決め、消費者は安心・安全な食品を適正価格で買えるという利点がある。ただ以前は、直売所というと農家の小遣い稼ぎくらいのイメージがあったが、「よってって」では優れた転送システムを活用した多店舗展開によって売り上げを伸ばし、年に一〇〇〇万円以上を売る生産者も二〇〇名以上いるという。「よってって」の経営者である野田忠会長は、利益を和歌山県や、地元の田辺市に寄付したり、新規就農支援の仕組みを作ったりもしている。直売所では、多少曲がっている等の規格外品の野菜も売ることができる。それによって余計な農薬を減らすことができ、減農薬、無農薬栽培の普及にもつながる。

「有機農業&自然農法」は普及できるか

佐伯康人《さえきやすひと》さんは、障がいを持つ三つ子のお子さんとの関わりの中で、自然農法と障がい者福祉の両立、「農福連携」と呼ばれる方法を実践している。その佐伯さんの農法では、一〇アールあたりの売り上げが六〇万円もあるという。通常の農法だと一〇アールあたり六万円と言われているので、約一〇倍である。こうした「農福連携」の取り組みも全国に広がりつつある。

筆者が熊本でお会いしたS．F．C．グループの島田《しまだ》修《おさむ》さんの場合など、一〇アールあたりの収量は通常の農法と同じ八俵で、おそらく一〇俵以上も可能とおっしゃっていた。「史上最強クラス」と言われた二〇二二年の台風一四号が直撃しても、島田さんの稲は倒れなかったという。

有機農業や自然栽培の限界と指摘されるのは、

①　収量が減ってしまい（八俵→四～六俵）、自給率向上にも逆行する。

②　草取り労働などがたいへん。

③ **簡単に慣行栽培から有機への転換できない。**

などであるが、徳島県で、生協と農協との協同組合間連携で、

① **「高品質・多収量」（八俵→一〇俵）で収益も自給率も上がる。**

② **草が抑制される。**

③ **慣行→有機への段階的移行ができる。**

という農法が実践され、全国にも波及しつつある。

つまり、「みどり戦略」は「遺伝子操作」を有機栽培にOKとしたり、画期的なスマート技術で目標達成するとしているが、それは違うのではないかということである。優れた農法はすでにある。その横展開に注力することこそが重要なのである。

筆者の関係している、コープ自然派、生活クラブ、パルシステム、あいコープみやぎ、グリーンコープ、東都生協、アイチョイス、パルコープ大阪などを中心とする生協陣営が連携を強化して、生産と消費をホンモノで結ぶ真の架け橋となることが期待されている。

栃木県にある民間稲作研究所では、こうした有機農法の研究と普及活動を行っている。だが、費用の問題などがあり、まだまだ十分な普及活動ができていないという。

また、国としても、前述の「みどりの食料システム戦略」において、減化学肥料・減化学農薬、有機・自然栽培増の方向性を打ち出している。今後は法律に基づいて、有機農法などの普及活動にも、国の予算がついていくだろう。

オーガニックビレッジという取り組みも進められている。「有機農業の生産から消費まで一貫し、農業者のみならず事業者や地域内外の住民を巻き込んだ地域ぐるみの取り組みを進める市町村」をオーガニックビレッジに指定しているが、全国で一〇〇ヵ所しか指定されないのは数が少なすぎる。

先述の学校給食への有機農作物導入にしても、気運は盛り上がりつつあるが、まだ一部の自治体が取り組んでいる段階である。

そのため、ローカルフード法などの制定によって、地域のタネからつくる循環型食料自給システム形成を、国がもっと支援していく必要があるだろう。

あとがき

まさに、「農は国の本なり」。食料危機が到来し、農の価値がさらに評価される時代が来ている。今を踏ん張れば、未来が拓ける。特に輸入に依存せず国内資源で安全・高品質な食料供給ができる循環農業を目指す方向性は子どもたちの未来を守る最大の希望である。

世界一過保護と誤解され、本当は世界一保護なしで踏ん張ってきたのが日本の農家だ。その頑張りで、今でも世界一〇位の農業生産額を達成している日本の農家はまさに「精鋭」である。誇りと自信を持ち、これからも家族と国民を守る決意を新たにしよう。

江戸時代に自然資源を徹底的に循環する日本農業が世界を驚嘆させた実績もある。我々は世界の先駆者だ。その底力を今こそ発揮しよう。国民は、それに応えて、農家と一体化して、農を支え、命を守る取り組みを進めたい。

消費者の行動が世の中を変える原動力になる。食の安全や食料安全保障を取り戻すためには、日々の買い物の中で安くても危ない食品を避け、少しだけ高い地元の安心・安全な食品を買うこと、それだけでいい。そして、学校給食で子どもたちにリスクのある食品が提供されないようにしよう。

私たちは、リスクある食品を食べないことで、グローバル企業などの思惑を排除することができる。安心・安全な食品を食べることで、自然環境や健康を大切にする生産者を応援することができる。こういう小さな選択を積み重ねることが、日本の農と食と命を守ることにつながる。

「半農半X」で、週に何日か、社長・社員が農家の「古代米」栽培や地元の祭りに参画し、市価の数倍で買い取り社員食堂で活用して支え合う企業グループの皆さん、都市住民と農家が「自給家族」契約を結び、都市住民が農作業を協力して行い、収穫物を優先的に供給してもらう取り組み、大量流通に乗りにくい在来の種で本当に美味しく安全な農産物を全国から集めて販売するスーパーなど、その他にも、全国各地に農家と消費者、企業などをホンモノでつなぐ架け橋となる取り組みが広がっている。

ここなら安全で美味しい食べ物を必ず買えるという安心感は価格以上のもの。これぞ生産者と消費者をつなぐ信頼の神髄である。生協の産直、農協の直売所の原点も同じである。遺伝子組み換えやゲノム編集や無添加表示をなくされても私たちはこの信頼ネットワークで命を守り食料危機にも備えられる。横の連携と支援策強化でうねりが起こせる。明日への希望は確実に膨らんでいる。

耕地の九九・四パーセントを占める慣行農家と〇・六パーセントの有機農家は対立構造ではない。安全で美味しい食料生産への想いは皆同じ。肥料、飼料が二倍になっても踏ん張ってくれている農家全体を支援し、かつ国内資源を最大限に活用する循環農業の方向性を取り入れた安全保障政策の再構築が求められている。

世界一飢餓に脆弱な国である現実を直視し、超党派の議員立法として提案される予定の「地域のタネからつくる循環型食料自給（ローカルフード）法」に加えて、生産者、消費者、関連産業など国民の役割と政府の役割を明記した「食料安全保障推進法」を早急に制定し、発動基準を明確にした数兆円規模の予算措置を導入すべきときではないか。

筆者が理事長を務める「食料安全保障推進財団」も、一人一〇〇〇円からの広範な結集により、こうした動きを加速するエンジンとなり、世の中を変えるうねりを創りたいと考えている。そして、今こそ真のリーダーが求められている。市民・国民を犠牲にして我が身を守るリーダーでなく、我が身を犠牲にしても市民・国民を守る覚悟あるリーダーが必要である。

繰り返しておこう。「お金を出せば輸入できる」ことを前提にした食料安全保障は通用しないことが明白になった今、このまま日本の農家が疲弊していき、本当に食料輸入が途絶したら国民は食べるものがなくなる。

不測の事態に国民の命を守ることが「国防」とすれば、国内の食料・農業を守ることこそが防衛の要、それこそが安全保障だ。国民一人一人が、自身がリーダーの覚悟で、それぞれの立場からやれることに取り組み、子どもたちの未来につなげたい。

本書は、筆者へのインタビュー取材と関連資料に基づいて、ライターの名古屋剛氏と講談社の木原進治氏の尽力でまとめていただいた原稿がベースになっている。もちろん、本書の内容に関する責任はすべて筆者が負う。名古屋氏と木原氏のご尽力に厚く御礼申し上げる。

主要参考文献

鈴木宣弘『食料の海外依存と環境負荷と循環農業』（筑波書房、二〇〇五年）／鈴木宣弘『協同組合と農業経済～共生システムの経済理論』（東京大学出版会、二〇二二年）／Lili Xia et al., "Global food insecurity and famine from reduced crop, marine fishery and livestock production due to climate disruption from nuclear war soot injection," Nature Food, Vol 3, No 586, pp. 586-596, August 2022.／Susan E. Hankinson et al., "Circulating concentrations of insulin-like growth factor I and risk of breast cancer," LANCET Vol. 351, No. 9113, pp. 1393-1396, May 9, 1998.／June M. Chan et al., "Plasma Insulin-Like Growth Factor-I and Prostate Cancer Risk: A Prospective Study," SCIENCE Vol. 279, pp. 563-566, January 23, 1998.／Lydia Leino et al., "Classification of the glyphosate target enzyme (5-enolpyruvylshikimate-3-phosphate synthase) for assessing sensitivity of organisms to the herbicide," Journal of Hazardous Materials, Vol.408, 15 April 2021, 124556.／印鑰智哉『アグロエコロジーと生産者組織』（東京大学講義資料、二〇二二年）／ＮＨＫスペシャル取材班『２０３０ 未来への分岐点 Ｉ：持続可能な世界は築けるのか』（ＮＨＫ出版、二〇二一年）／環境省編「循環型社会の歴史」『平成二〇年版 環境・循環型社会白書』／林 髞『頭脳～才能をひきだす処方箋』（光文社、一九五八年）／独立行政法人農業環境技術研究所『農業と環境』No.106（二〇〇九年二月一日）／西原誠司「穀物メジャーの蓄積戦略と米国の食糧戦略」https://core.ac.uk/download/pdf/235017019.pdf／農林水産省『我が国の食料自給率（平成一八年度食料自給率レポート）』／Kinoshita J., N. Suzuki, and H.M. Kaiser, "An Economic Evaluation of Recombinant Bovine Somatotropin Approval in Japan," Journal of Dairy Science, Vol. 87, No.5, pp.1565-1577, May 2004.／中村祐介「デジタル革命（ＤＸ）が農業のビジネスモデルさえ変えていく」2020.2.20 ／薄井寛『歴史教科書の日米欧比較』（筑波書房、二〇一七年）／西尾道徳『農業と環境汚染』（農山漁村文化協会、二〇〇五年）／田中淳子ほか「井戸水が原因で高度のメトヘモグロビン血症を呈した1新生児例」（『小児科臨床』49、一九九六年）／堤未果『株式会社アメリカの日本解体計画』（経営科学出版、二〇二一年）／山田正彦『タネはどうなる⁉』（サイゾー、二〇二一年）／斎藤幸平『人新世の「資本論」』（集英社、二〇二〇年）／小田切徳美『農村政策の変貌～その軌跡と新たな構想』（農文協、二〇二一年）／吉田太郎『土が変わるとお腹も変わる～土壌微生物と有機農業』（築地書館、二〇二二年）

鈴木宣弘

東京大学大学院農学生命科学研究科教授。「食料安全保障推進財団」理事長。1958年生まれ。三重県志摩市出身。東京大学農学部卒。農林水産省に15年ほど勤務した後、学界へ転じる。九州大学農学部助教授、九州大学大学院農学研究院教授などを経て、2006年9月から現職。1998年～2010年夏期はコーネル大学客員助教授、教授。主な著書に『農業消滅 農政の失敗がまねく国家存亡の危機』（平凡社新書、2021年）、『食の戦争 米国の罠に落ちる日本』（文春新書、2013年）がある。

講談社+α新書 860-1 C

世界《せかい》で最初《さいしょ》に飢《う》えるのは日本《にほん》

食の安全保障をどう守るか

鈴《すず》木《き》宣弘《のぶひろ》

2022年11月16日第1刷発行
2024年2月15日第12刷発行

発行者―――森田浩章
発行所―――株式会社 講談社
東京都文京区音羽2-12-21 〒112-8001
電話 編集(03)5395-3522
販売(03)5395-4415
業務(03)5395-3615

編集協力―――名古屋剛
デザイン―――鈴木成一デザイン室
カバー印刷―――共同印刷株式会社
印刷―――株式会社新藤慶昌堂
製本―――株式会社国宝社

KODANSHA

Printed in Japan
ISBN978-4-06-530173-9

講談社+α新書

人が集まる会社　人が逃げ出す会社
下田直人
従業員、取引先、顧客。まず、人が集まる会社をつくろう！　利益はあとからついてくる
902円 804-1 C

志ん生が語る クオリティの高い貧乏のススメ　昭和のように生きて心が豊かになる25の習慣
美濃部由紀子
NHK大河ドラマ「いだてん」でビートたけし演じる志ん生は著者の祖父、人生の達人だった
924円 805-1 A

精日　加速度的に日本化する中国人の群像
古畑康雄
日本文化が共産党を打倒した!!　対日好感度も急上昇で、5年後の日中関係は、激変する!!
946円 806-1 C

6つの脳波を自在に操るNFBメソッド　たった1年で世界イチになるメンタル・トレーニング
林　愛理
スキージャンプ年間王者・小林陵侑選手も実践。リラックスも集中も可能なゾーンに入る技術!!
968円 807-1 B

古き佳きエジンバラから新しい日本が見える
ハーディ智砂子
遥か遠いスコットランドから本当の日本が見える。ファンドマネジャーとして日本企業の強さも実感
946円 808-1 C

戦国武将に学ぶ「必勝マネー術」
橋場日月
生死を賭した戦国武将たちの人間くさくて、ユニークで残酷なカネの稼ぎ方、使い方！
968円 809-1 C

さらば銀行　「第3の金融」が変えるお金の未来
杉山智行
僕たちの小さな「お金」が世界中のソーシャルな課題を解決し、資産運用にもなる凄い方法！
946円 810-1 C

IoT最強国家ニッポン　日本企業が4つの主要技術を支配する時代
南川　明
レガシー半導体・電子素材・モーター・電子部品……IoTの主要技術が全て揃うのは日本だけ!!
968円 811-1 C

がん消滅
中村祐輔
最先端のゲノム医療、免疫療法、AI活用で、がんの恐怖がこの世からなくなる日が来る！
990円 812-1 B

定年破産絶対回避マニュアル
加谷珪一
人生100年時代を楽しむには？　ちょっとのお金と、制度を正しく知れば、不安がなくなる！
946円 813-1 C

危ない日本史
本郷和人
NHK「偉人たちの健康診断」取材班
明智光秀はなぜ信長を討ったのか。石田三成の遺骨から復元された顔は。龍馬暗殺の黒幕は
946円 814-1 C

表示価格はすべて税込価格（税10%）です。価格は変更することがあります

講談社＋α新書

日本への警告 米中ロ朝鮮半島の激変から人とお金が向かう先を見抜く
ジム・ロジャーズ
日本衰退の危機。私たちは世界をどう見る？新時代の知恵と教養が身につく大投資家の新刊
990円 815-1 C

起業するより会社は買いなさい サラリーマン・中小企業のためのミニM&Aのススメ
高橋　聡
定年間近な人、副業を検討中の人に「会社を買う」という選択肢を提案。小規模M&Aの魅力
924円 816-1 C

「平成日本サッカー」秘史 熱狂と歓喜はこうして生まれた
小倉純二
Jリーグ発足、W杯日韓共催――その舞台裏にもまた「負けられない戦い」に挑んだ男達がいた
1012円 817-1 C

メンタルが強い人がやめた13の習慣
エイミー・モーリン
長澤あかね 訳
一番悪い習慣が、あなたの価値を決めている！最強の自分になるための新しい心の鍛え方
990円 818-1 A

メンタルが強い子どもに育てる13の習慣
エイミー・モーリン
長澤あかね 訳
子どもをダメにする悪い習慣を捨てれば、〝自分を律し、前向きに考えられる子〟が育つ！
1045円 818-2 A

人間関係が楽になる 神経の仕組み **脳幹リセットワーク**
藤本　靖
わりばしをくわえる、ティッシュを噛むなど、たったこれだけで芯からゆるむボディワーク
990円 819-1 B

もの忘れをこれ以上増やしたくない人が読む本 脳のゴミをためない習慣
松原英多
今一番読まれている脳活性化の本の著者が、「すぐできて続く」脳の老化予防習慣を伝授！
990円 820-1 B

全身美容外科医 道なき先にカネはある
高須克弥
「整形大国ニッポン」を逆張りといかがわしさで築き上げた男が成功哲学をすべて明かした！
968円 821-1 A

世界のスパイから喰いモノにされる日本 MI6、CIAの厳秘インテリジェンス
山田敏弘
世界100人のスパイに取材した著者だから書ける日本を襲うサイバー嫌がらせの恐るべき脅威！
968円 822-1 C

空気を読む脳
中野信子
日本人の「空気」を読む力を脳科学から読み解く。職場や学校での生きづらさが「強み」になる
946円 823-1 C

生贄探し 暴走する脳
中野信子
ヤマザキマリ
「世間の目」が恐ろしいのはなぜか。知っておきたい日本人の脳の特性と多様性のある生き方
968円 823-2 C

表示価格はすべて税込価格（税10％）です。価格は変更することがあります

講談社+α新書

タイトル	著者	内容	価格	番号
ソフトバンク崩壊の恐怖と農中・ゆうちょに迫る金融危機	黒川敦彦	巨大投資会社となったソフトバンク、農家の預金等108兆を運用する農中が抱える爆弾とは	924円	824-1 C
ソフトバンク「巨額赤字の結末」とメガバンク危機	黒川敦彦	コロナ危機でますます膨張する金融資本。崩壊のXデーはいつか。人気YouTuberが読み解く。	924円	824-2 C
次世代半導体素材GaNの挑戦 22世紀の世界を先導する日本の科学技術	天野浩	ノーベル賞から6年——日本発、21世紀最大の産業が出現する!! 産学共同で目指す日本復活	968円	825-1 C
会計が驚くほどわかる魔法の10フレーズ	前田順一郎	この10フレーズを覚えるだけで会計がわかる! 「超一流」がこっそり教える最短距離の勉強法	990円	826-1 C
ESG思考 激変資本主義1990—2020、経営者も投資家もここまで変わった	夫馬賢治	世界のマネー3000兆円はなぜ本気で温暖化対策に動き出したのか? 話題のESG入門	968円	827-1 C
超入門カーボンニュートラル	夫馬賢治	カーボンニュートラルから新たな資本主義が誕生する。第一人者による脱炭素社会の基礎知識	946円	827-2 C
内向型人間が無理せず幸せになる唯一の方法	スーザン・ケイン 古草秀子 訳	成功する人は外向型という常識を覆した全米ミリオンセラー。孤独を愛する人に女神は微笑む	990円	828-1 A
トヨタ チーフエンジニアの仕事	北川尚人	GAFAも手本にするトヨタの製品開発システム。その司令塔の仕事と資質を明らかにする	968円	829-1 C
ダークサイド投資術 元経済ヤクザが明かす「アフター・コロナ」を生き抜く黒いマネーの流儀	猫組長(菅原潮)	恐慌と戦争の暗黒時代にも揺るがない「王道の投資」を、元経済ヤクザが緊急指南!	968円	830-1 C
カルト化するマネーの新世界 元経済ヤクザが明かす「黒い経済」のニューノーマル	猫組長(菅原潮)	投資の常識が大崩壊した新型コロナ時代に、元経済ヤクザが放つ「本物の資産形成入門」	968円	830-2 C
シリコンバレーの金儲け	海部美知	「ソフトウェアが世界を食べる」時代の金儲けの法則を、中心地のシリコンバレーから学ぶ	968円	831-1 C

表示価格はすべて税込価格(税10%)です。価格は変更することがあります

講談社+α新書

「方法論」より「目的論」 「それって意味ありますか？」からはじめよう
安田秀一
日本社会の「迷走」と「場当たり感」の根源は方法論の呪縛！ 気鋭の経営者が痛快に説く！
880円 843-1 C

自壊するメディア
望月衣塑子 五百旗頭幸男
メディアはだれのために取材、報道しているのか。全国民が不信の目を向けるマスコミの真実
968円 844-1 C

認知症の私から見える社会
丹野智文
認知症になっても「何もできなくなる」わけではない！ 当事者達の本音から見えるリアル
880円 845-1 C

岸田ビジョン 分断から協調へ
岸田文雄
全てはここから始まった！ 第百代総理がその政策と半生をまとめた初の著書。全国民必読
946円 846-1 C

「定年」からでも間に合う老後の資産運用
風呂内亜矢
自分流「ライフプランニングシート」でそこそこ働きそこそこ楽しむ幸せな老後を手に入れる
946円 847-1 C

超入門 デジタルセキュリティ
中谷昇
6G、そして米中デジタル戦争下の経済安全保障において私たちが知るべきリスクとは？
990円 848-1 C

60歳からのマンション学
日下部理絵
マンションは安心できる「終の棲家」になるのか？ 「負動産」で泣かないための知恵満載
990円 849-1 C

2050 日本再生への25のTODOリスト
小黒一正
人口減少、貧困化、低成長の現実を打破するために国家がやるべきたったこれだけの改革！
1100円 850-1 C

民族と文明で読み解く大アジア史
宇山卓栄
国際情勢を深層から動かしてきた「民族」と「文明」、その歴史からどんな未来が予測可能か？
1320円 851-1 C

世界の賢人12人が見た ウクライナの未来 プーチンの運命
クーリエ・ジャポン 編
ハラリ、ピケティ、ソロスなど賢人12人が、戦争の行方とその後の世界を多角的に分析する
990円 852-1 C

「正しい戦争」は本当にあるのか
藤原帰一
核兵器の使用までちらつかせる独裁者に世界はどう対処するのか。当代随一の知性が読み解く
990円 853-1 C

表示価格はすべて税込価格（税10%）です。価格は変更することがあります